职业技能培训鉴定教材

电子仪器
仪表装配工（中级）

编审人员

主　编　杨红梅

编　者　王　荷　高夕庆　阎　霞　杨孟青　程　宇

审　稿　王美蕾　刘桂平

中国劳动社会保障出版社

图书在版编目（CIP）数据

电子仪器仪表装配工：中级／人力资源和社会保障部教材办公室组织编写. —北京：中国劳动社会保障出版社，2015

职业技能培训鉴定教材

ISBN 978－7－5167－1955－8

Ⅰ.①电…　Ⅱ.①人…　Ⅲ.①电子仪器-装配（机械）-职业技能-鉴定-教材②电工仪表-装配（机械）-职业技能-鉴定-教材　Ⅳ.①TM930.5

中国版本图书馆 CIP 数据核字（2015）第 184850 号

中国劳动社会保障出版社出版发行

（北京市惠新东街 1 号　邮政编码：100029）

*

三河市华骏印务包装有限公司印刷装订　新华书店经销

787 毫米×1092 毫米　16 开本　12.75 印张　292 千字

2015 年 8 月第 1 版　2023 年 8 月第 3 次印刷

定价：29.00 元

营销中心电话：400－606－6496

出版社网址：http://www.class.com.cn

内 容 简 介

　　本教材由人力资源和社会保障部教材办公室组织编写。教材以《国家职业技能标准·电子仪器仪表装配工》为依据，紧紧围绕"以企业需求为导向，以职业能力为核心"的编写理念，力求突出职业技能培训特色，满足职业技能培训与鉴定考核的需要。

　　本教材详细介绍了中级电子仪器仪表装配工应掌握的相关知识和技能要求。全书分为6个单元，主要内容包括：电工基础知识，简单单元电路知识，印制线路板设计入门及手工制板，技术资料，整机组装工艺，调试与检验基础。

　　本教材是中级电子仪器仪表装配工职业技能培训与鉴定考核用书，也可供相关人员参加上岗培训、在职培训、岗位培训使用。

前　言

1994 年以来，原劳动和社会保障部职业技能鉴定中心、教材办公室和中国劳动社会保障出版社组织有关方面专家，依据《中华人民共和国职业技能鉴定规范》，编写出版了职业技能鉴定教材及其配套的职业技能鉴定指导 200 余种，作为考前培训的权威性教材，受到全国各级培训、鉴定机构的欢迎，有力地推动了职业技能鉴定工作的开展。

原劳动和社会保障部从 2000 年开始陆续制定并颁布了国家职业标准。同时，社会经济、技术不断发展，企业对劳动力素质提出了更高的要求。为了适应新形势，为各级培训、鉴定部门和广大受培训者提供优质服务，人力资源和社会保障部教材办公室组织有关专家、技术人员和职业培训教学管理人员、教师，依据国家职业标准和企业对各类技能人才的需求，研发了职业技能培训鉴定教材。

新编写的教材具有以下主要特点：

在编写原则上，突出以职业能力为核心。教材编写贯穿"以职业标准为依据，以企业需求为导向，以职业能力为核心"的理念，依据国家职业标准，结合企业实际，反映岗位需求，突出新知识、新技术、新工艺、新方法，注重职业能力培养。凡是职业岗位工作中要求掌握的知识和技能，均作详细介绍。

在使用功能上，注重服务于培训和鉴定。根据职业发展的实际情况和培训需求，教材力求体现职业培训的规律，反映职业技能鉴定考核的基本要求，满足培训对象参加各级各类鉴定考试的需要。

在编写模式上，采用分级模块化编写。纵向上，教材按照国家职业资格等级单独成册，各等级合理衔接、步步提升，为技能人才培养搭建科学的阶梯型培训架构。横向上，教材按照职业功能分模块展开，安排足量、适用的内容，贴近生产实际，贴近培训对象需要，贴近市场需求。

在内容安排上，增强教材的可读性。为便于培训、鉴定部门在有限的时间内把最重要的知识和技能传授给培训对象，同时也便于培训对象迅速抓住重点，提高学习效率，在教材中精心设置了"培训目标"等栏目，以提示应该达到的目标，需要掌握的重点、难点、鉴定点和有关的扩展知识。

编写教材有相当的难度，是一项探索性工作。由于时间仓促，不足之处在所难免，恳切希望各使用单位和个人对教材提出宝贵意见，以便修订时加以完善。

人力资源和社会保障部教材办公室

目 录

第 1 单元

电工基础知识

本单元是关于电工基础知识的简介，主要包括了电路的基本知识、基本定律及其应用，直流电路的相关知识，磁与电的相关知识，单相、三相交流电的相关知识，变压器与电动机的相关知识等。

第1节　电路的基本知识和基本定律

→ 1. 了解电路的基本知识和基本定律
→ 2. 掌握电路的基本知识和基本定律在解决实际问题中的应用

一、电路及电路图

1. 电路和电路的组成

电路是电流的通路，是为了某种需要由电工设备或电路元件按一定方式连接而成的闭合回路。简而言之，电路就是电流经过的路径。电路实物如图1—1所示，当开关闭合，灯泡发光，说明有电流流过；当开关断开，灯泡不发光，说明没有电流流过。

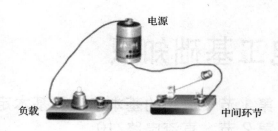

图1—1　电路实物图

不同的电路功能不同，其组成也不尽相同。一般电路由电源、负载和中间环节组成。

（1）电源。电源是将其他形式的能转换成电能的装置。常见的电源是干电池（直流电）与家用的110～220 V交流电源。

（2）负载。负载是指连接在电路中的电源两端的用电器。电路中不应没有负载而直接把电源两极相连，此连接称为短路。常用的负载有电阻、引擎和灯泡等可消耗功率的元件。把电能转换成其他形式的能的装置叫作负载。

（3）中间环节。中间环节主要是指连接导线、控制开关等部分。常用的导线是铜线、铝线。开关在电路中起控制作用。此外，根据需要还有保护电器、测量仪器和信号变换器等辅助部分。在一些电路中还安装有指示灯等附属器件。

2. 电路图

电路图是用导线将电源、开关、用电器、电流表、电压表等连接起来组成电路，再按照统一的符号将它们表示出来，这样绘制出的就叫作电路图。电路图是用规定的图形符号表示电路连接情况的图示。

电路图是人们为满足研究、工程规划的需要，用物理电学标准化的符号绘制的一种表示各元器件组成及器件关系的原理布局图。由电路图可以得知组件间的工作原理，为分析性能、安装电子、电器产品提供规划方案。在设计电路时，工程师可从容地在纸上或计算机上进行，确认完善后再进行实际安装。采用电路仿真软件进行电路辅助设计、虚拟的电路实验（教学使用），可提高工程师工作效率、节约学习时间，使实物图更直观。

常见的电子电路图有原理图、方框图、装配图和印制板图等。

3. 电路的工作状态

一个电路正常工作时，需要将电源与负载连接起来。电源与负载连接时，根据所接负载的情况，电路有三种工作状态：空载工作状态、短路工作状态、有载工作状态。

（1）空载状态。空载状态又称断路或开路状态，当开关或者连接导线断开时，电路就处于空载状态，此时电源和负载未构成通路，外电路所呈现的电阻可视为无穷大，如图1—2所示。

（2）短路状态。电流不经过负载，只经连接导线直接流回电源，这种状态称为短路工作状态，简称短路。在一般供电系统中，电源的内电阻很小，故短路电流很大。电源所发出的功率全部消耗在内电阻上。在实际中，要避免电源的短路状态。短路状态电路如图1—3所示。

（3）有载状态。电源和负载接通，电路中有电流流过，有能量转换的状态称为有载工作状态，简称有载状态。有载状态电路如图1—4所示，灯泡发光，电源的电能转换为灯泡的光能输出，此为最简单的有载状态电路。

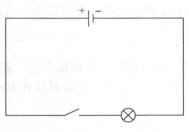

图1—2　开路状态电路图

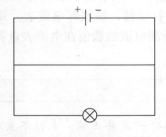

图1—3　短路状态电路图

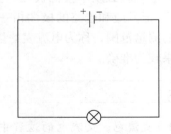

图1—4　有载状态电路图

二、电流

1. 电流的形成

电荷的定向移动形成电流，移动的电荷又称为载流子。物理上把单一横截面的电量叫作电流强度，简称电流，用 I 表示，单位为安培，简称安，用字母 A 表示。

2．电流的方向

习惯上把正电荷移动的方向称为电流的方向，而电子移动的方向和电流的方向相反。

电流按照方向和大小是否恒定不变分为两类：若电流的方向和大小恒定不变，则称其为稳恒电流，简称直流，用 DC 表示；若电流的大小和方向都随时间而变化，则称为交变电流，简称交流，用 AC 表示，如图1—5所示。

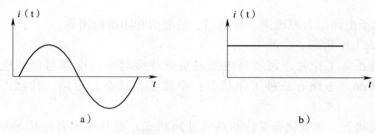

图1—5　电流波形
a）交流电　b）直流电

3．电流的大小

在单位时间内，通过导体横截面的电荷量越多，就表示流过该导体的电流越强。在时间 t 内通过导体横截面的电荷量是 Q，则电路 I 可用下式表示：

$$I = \frac{Q}{t}$$

电荷量单位名称是库仑，简称库，用符号 C 表示。式中，I、Q、t 的单位分别为A、C、s。常用的电流单位还有毫安（mA）和微安（μA）。

$$1 \text{ mA} = 10^{-3} \text{ A}$$

$$1 \text{ μA} = 10^{-3} \text{ mA}$$

电流的大小要用电流表来测量。分别使用交流电流表和直流电流表测量交流电流和直流电流。电流表必须串接到被测电路中进行测量。直流电流表表壳接线柱上标明的"＋""－"记号应和电路的极性相一致，否则指针反转，易损坏电流表。每个电流表都有一定的测量范围，称为电流表的量程。一般被测电流的数值在电流表量程的一半以上测量结果较为准确。

特别提示

在测量直流电、交流电的过程中，电表的选择一定要正确，表针不要接反，否则会损坏电流表。同时，测量的时候要选择合适量程，量程合适，才能读取较为准确的数值，否则会造成读数不准，甚至损坏电流表的指针。

三、电压与电位

1. 电压

电压，也称作电势差或电位差，是衡量单位电荷在静电场中由于电势不同所产生的能量差的物理量。其大小等于单位正电荷因受电场力作用从 A 点移动到 B 点所做的功，电压的方向规定为从高电位指向低电位的方向。电压的国际单位制为伏特（V，简称伏），常用的单位还有微伏（μV）、毫伏（mV）、千伏（kV）等。

2. 电位

带电体的周围存在着电场，电场对处在场内的电荷也有力的作用。电场力把单位正电荷从电场中的某点移到参考点所做的功称为该点的电位。

3. 电压与电位的关系

电场中两点的电位差就是两点的电压。a、b 两点间的电压 = a 点的电位 - b 点的电位，即：

$$U_{ab} = U_a - U_b$$

四、电动势

1. 电动势

电源是将非电能转换为电能的装置。衡量电源转换本领大小的物理量称为电源的电动势。导体内部有大量的自由电子，如果对这些电子施加外力 F，那么，外力作用下的电子便向导体的一端移动，使这一端积累了负电荷，而另一端则因缺少电子呈现出正电荷的积累。由于正负电荷的分离，在电源内部就产生了电场。这时，电子除了受外力作用外，还要受电场力 F_1 的作用。电场力的方向和外力的方向恰好相反，它对电子的继续移动起着阻碍作用。

开始时，外力大于电场力，电子继续向一端移动。当两端电荷积累到一定程度，电场力 F_1 便增加到与外力 F 相等，这时，电子就停止了定向移动，两端电荷的积累处于稳定状态。

不难理解，在外力作用下，电子从导体的 A 端移到 B 端时，是需要做功的。或者说，外力把正电荷从 B 端移到 A 端是需要做功的。在外力作用下，单位正电荷从电源的负极经电源内部移到正极所做的功称为该电源的电动势，用符号 E 表示，即：

$$E = \frac{W_{BA}}{Q}$$

电动势的单位就是伏特。

2. 电动势与端电压的关系

在电动势的形成过程中，出现了电荷的分离，形成了电场，使电源两端具有了不同的电位。电源两端的电位差称为电源的端电压，简称电源电压。

电源电动势和电源端电压在方向上是相反的。

电动势和电压的单位都是伏特，但是两者是有区别的。

（1）电动势与电压具有不同的物理意义。电动势表示外力做功的本领，而电压则

单元
1

表示电场力做功的本领。

（2）电动势与电压的方向不同。电动势是低电位指向高电位，而电压是从高电位指向低电位。

（3）电动势仅存在于电源内部，而电压不仅存在于电源两端，而且也存在于电源外部。

五、电阻与电导

1. 电阻

电流通过物体时，物体对通过它的电流产生一定的阻力，这种阻碍电流的作用叫电阻。导体对电流的阻碍作用小，说明它的导电能力强；导体对电流的阻力大，说明它的导电能力差。电阻就是反映导体对电流起阻碍作用大小的一个物理量。

人们专门生产的具有一定阻值、一定几何形状、一定技术性能的，在电路中起电阻作用的元件叫电阻器。电阻器是组成电路的基本元件之一。电阻器的主要用途是稳定和调节电路中的电压和电流，其次还有限制电路电流、降低电压、分配电压等功能。

电阻用字母 R 表示。电阻的单位是欧姆，简称欧，用字母 Ω 表示。

2. 电阻定律

导体的电阻 R 跟它的长度 L 成正比，跟它的横截面积 S 成反比，还跟导体的材料有关系，这个规律就叫电阻定律，公式为：

$$R = \rho L / S$$

式中　ρ——制成电阻的材料的电阻率；

　　　L——绕制成电阻的导线长度；

　　　S——绕制成电阻的导线横截面积；

　　　R——电阻值。

导体的电阻是客观存在的，它不随导体两端电压大小而变化，即使没有电压，导体仍然有电阻。

电阻率 ρ 不仅和导体的材料有关，还和导体的温度有关。在温度变化不大的范围内，几乎所有金属的电阻率随温度做线性变化。所以对于某些电器的电阻，必须说明它们所处的物理状态。电阻率和电阻是两个不同的概念。电阻率是反映物质导电性能好坏的属性，电阻是反映物体对电流阻碍作用的属性。

3. 电阻与温度的关系

导体电阻的大小除了与本身的决定因素如长度、截面和材料有关，还与其他因素相互联系和相互影响着。温度就是其中之一。

试验发现，导体温度变化，它的电阻也随之变化。金属材料，温度升高后，导体电阻增加。几种材料的电阻率及温度系数见表1—1。

把温度升高1℃时，电阻所产生的变动值与原电阻的比值称为电阻温度系数，用字母 α 表示，单位是1/℃。

表 1—1   几种材料的电阻率及温度系数

材料名称	电阻率	电阻温度系数	材料名称	电阻率	电阻温度系数
银	1.6×10^{-8}	0.003 6	铁	10×10^{-8}	0.006
铜	1.7×10^{-8}	0.004	碳	35×10^{-8}	$-0.000\ 5$
铝	2.9×10^{-8}	0.004	锰铜	44×10^{-8}	0.000 005
钨	5.3×10^{-8}	0.002 8	康铜	50×10^{-8}	0.000 005

如果在温度 t_1 时，导体的电阻为 R_1；在温度 t_2 时，导体的电阻为 R_2，那么电阻温度系数：

$$\alpha = \frac{R_2 - R_1}{R_1\ (t_2 - t_1)}$$

4. 常用电阻器

电阻器的种类很多，结构形式各有不同，分类方法也多种多样。一般根据电阻器的工作特点及电路功能，可分为固定电阻器、可变电阻器、敏感电阻器 3 大类。常见的电阻器外形及电路符号如图 1—6 所示。

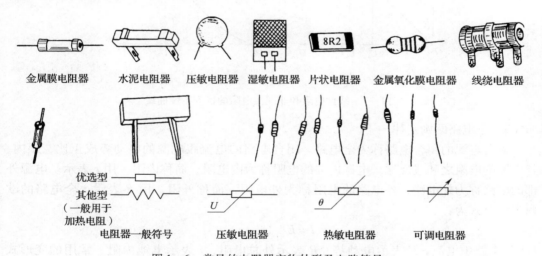

图 1—6　常见的电阻器实物外形及电路符号

电阻器的结构、材料不同，性能有一定差异。反映电阻器性能特点的主要参数有标称阻值、允许偏差和额定功率。

5. 电导

电阻的倒数叫作电导，用符号 G 表示，即：

$$G = \frac{1}{R}$$

导体的电阻越小，电导就越大。电导大表示导体的导电性能良好。电导的单位是 1/欧姆（$1/\Omega$），称为西门子，简称西，用字母 S 表示。

六、欧姆定律

1. 部分电路欧姆定律

只含有负载而不包含电源的一段电路称为部分电路。部分电路欧姆定律的内容：导体中的电流与导体两端的电压成正比，与导体的电阻成反比，其公式为：

$$I = \frac{U}{R}$$

2. 电压电流关系曲线

如果以电压为横坐标，电流为纵坐标，可画出电阻的 U/I 关系曲线，称为伏安特性曲线。伏安特性曲线是直线的电阻元件称为线性电阻，其电阻值可认为是不变的常数，不是直线的，则称为非线性电阻。线性电阻和非线性电阻的伏安特性曲线如图 1—7 所示。

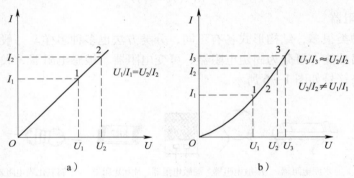

图 1—7 线性电阻和非线性电阻的伏安特性曲线

3. 全电路欧姆定律

含有电源的闭合电路称为全电路。闭合电路的电流跟电源的电动势成正比，跟内、外电路的电阻之和成反比。电源内部的电阻称为内电阻，简称内阻，用 r 表示。电源外部的电路称为外电路，外电路的电阻称为外电阻，简称外阻，用 R 表示。全电路的欧姆定律公式为：

$$I = E/(R + r)$$

I 表示电路中电流，E 表示电动势，R 表示外总电阻，r 表示电池内阻。常用的变形式有：

$$E = I(R + r)$$
$$E = U_外 + U_内$$
$$U_外 = E - Ir$$

4. 电源的外特性

电源的外特性是电源固有特性，是当电源电动势 E 和内阻 r 一定时，负载变动的情况下，电源输出电压、电流关系函数特性。画在坐标轴内的关系特性曲线称为电源的外特性曲线，如图 1—8 所示。

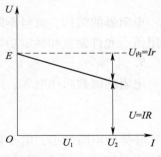

图 1—8 电源的外特性曲线

特别提示

欧姆定律不只适合部分电路，还符合全电路的分析，同时，在动态电路中，任一时刻的电压、电流和电阻都是符合欧姆定律的。

七、电路中各点电位的计算

1. 电位的计算

在电路中选定某一点为电位参考点，即规定该点的电位为零。

（1）电位参考点的选择方法

1）工程中常选大地作为电位参考点。

2）在电子、电工线路中，常选一条特定的公共线或机壳作为电位参考点。

（2）计算电路中某点电位的方法

1）确认电位参考点的位置。

2）确定电路中的电流方向和各元件两端电压的正、负极性。

3）从被求点开始通过一定路径绕到零电位参考点，则该点的电位等于此路径上所有电压压降的代数和。当电流 I 的参考方向与路径绕行方向一致时，为"＋"号；反之，选取"－"号。

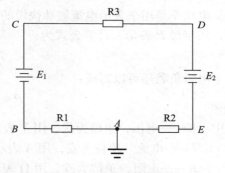

例 1—1 如图 1—9 所示电路，已知 $E_1 = 45$ V，$E_2 = 12$ V，电源内阻忽略不计，$R_1 = 5$ Ω，$R_2 = 4$ Ω，$R_3 = 2$ Ω，求 B 点电位 V_B。

解： $V_B = U_{BA} = -R_1 I = -15$ （V）

图 1—9 电位计算例题图

2. 电路中两点间电压的计算

电路中电压的计算主要有以下两种方法：

（1）由电位求电压。通过电位求电压，即：

$$U_{BA} = U_B - U_A$$

（2）分段法。把两点间的电压分成若干段进行计算，各段电压的代数和就是所求电压。各段电压的正负号的确定原则与计算电位时相同。

八、电功与电功率

1. 焦耳定律

焦耳定律规定：电流通过导体所产生的热量和导体的电阻成正比，和通过导体的电流的平方成正比，和通电时间成正比。该定律是英国科学家焦耳于 1841 年发现的。焦耳定律是一个实验定律，适用于任何导体，适用范围很广，所有的电路都能使用。公式如下：

$$Q = I^2 Rt$$

其中，Q 指热量，单位是焦耳（J）；I 指电流，单位是安培（A）；R 指电阻，单位

单元

1

是欧姆（Ω）；t 指时间，单位是秒（s）。以上单位全部是国际单位制中的单位。

2. 电功

电流所做的功称为电功或电能，用字母 W 表示。电流在一段时间内所做的功等于这段电路两端电压 U、电流 I 和通过时间 t 三者的乘积，即：

$$W = UIt$$

对于电阻负载来说，根据欧姆定律可得出：

$$W = I^2Rt = \frac{U^2}{R}t$$

式中　W——电功，单位为焦耳，用 J 表示；

　　　U——电压，单位为伏，用 V 表示；

　　　I——电流，单位为安，用 A 表示；

　　　t——时间，单位为秒，用 s 表示。

在实际工作中，电功的常用单位为千瓦时（kW·h），俗称度。

$$1 \text{ 度} = 1 \text{ kW} \cdot \text{h} = 3.6 \times 10^6 \text{ J}$$

3. 电功率

电功率是用来表示电流做功快慢的物理量。电流在单位时间内所做的功，称为电功率，用字母 P 表示。计算公式为：

$$P = \frac{W}{t} = UI$$

对于电阻负载还可以写成：

$$P = I^2R \text{ 或 } P = \frac{U^2}{R}$$

式中　U——电压，单位为伏，用 V 表示；

　　　I——电流，单位为安，用 A 表示；

　　　R——电阻，单位为欧，用 Ω 表示；

　　　P——电功率，单位为瓦，用 W 表示。

单元 1

第 2 节　直流电路

→ 1. 了解直流电路的基本概念和基本定理

→ 2. 掌握直流电路的基本分析和计算方法

一、电阻的串联和并联电路

1. 电阻的串联电路

把两个或两个以上的电阻依次连接，使电流只有一条通路的电路就是电阻器串联电路。电阻器串联电路如图1—10所示。

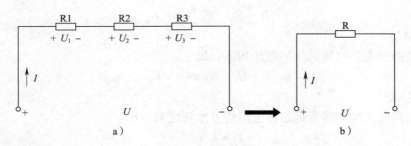

图 1—10　电阻器串联电路

a）原理图　b）等效电路

电阻器的串联电路具有以下特点：

（1）总电阻

串联电路的等效电阻等于各分电阻之和，即：

$$R = R_1 + R_2 + \cdots + R_n$$

（2）电压

串联电路中的总电压等于各电阻上分电压之和，即：

$$U = U_1 + U_2 + \cdots + U_n$$

（3）电流

串联电路中的电流处处相等，即：

$$I = I_1 = I_2 = \cdots = I_n$$

（4）功率

串联电路的总功率等于各电阻的分功率之和，即：

$$P = P_1 + P_2 + \cdots + P_n$$

单 元

1

2．电阻的并联电路

两个或两个以上的电阻并接在两点之间，电阻两端承受同一电压的电路就是电阻并联电路。电阻器并联电路如图 1—11 所示。

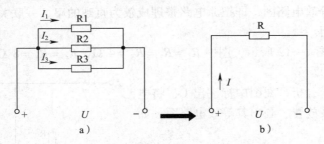

图 1—11　电阻器并联电路

a）原理图　b）等效电路

电阻器的并联电路具有以下特点：

（1）总电阻

并联电路等效电阻的倒数等于各分电阻的倒数之和，即：

$$\frac{1}{R} = \frac{1}{R_1} + \frac{1}{R_2} + \cdots + \frac{1}{R_n}$$

（2）电压

并联电路各支路电阻两端的电压相等，即：

$$U = U_1 = U_2 = \cdots = U_n$$

（3）电流

并联电路的总电流等于通过各电阻的分电流之和，即：

$$I = I_1 + I_2 + \cdots + I_n$$

（4）功率

并联电阻的总功率等于各电阻的分功率之和，即：

$$P = P_1 = P_2 + \cdots + P_n$$

二、电阻的混联电路

1. 混联电路的一般分析方法

电路中既有电阻串联又有电阻并联的电路称为电阻混联电路。一般情况下，可以通过等效概念逐步化简，最后化成一个等效电阻。化简过程中一定要保证电阻元件之间的连接关系。

混联电路的一般分析方法有三种，分别为：

（1）求混联电路的等效电阻。

（2）求混联电路的总电流。

（3）求各部分的电压、电流。

2. 混联电路等效电阻的求法

在计算混联电路时，要根据电路的实际情况，灵活运用串并联电路的知识。一般先求出并联或者串联部分的等效电阻，逐步化简，求出总的等效电阻，计算出总电流，然后再求各部分的电压、电流等。

对于比较复杂的电阻混联电路，很难直接辨别出电阻之间的连接关系时，比较有效的方法就是画出等效电路图，即把原电路整理成较为直观的串、并联关系的电路图，然后计算其等效电阻。

例 1—2　如图 1—12 所示，图中 $R_1 = R_2 = R_3 = 4\ \Omega$，$R_4 = R_5 = 8\ \Omega$，试求 A、B 间的等效电阻 R_{AB}。

解：为了便于分析，在图中标注出 C，将电阻的位置重新水平放置，画出其等效电路图，如图 1—13 所示。

由等效电路图求出 A、B 之间的等效电阻，即：

$$R_{12} = R_1 + R_2 = 4 + 4 = 8\ \Omega$$

$$R_{125} = \frac{R_{12} \times R_5}{R_{12} + R_5} = \frac{8 \times 8}{8 + 8} = 4\ \Omega$$

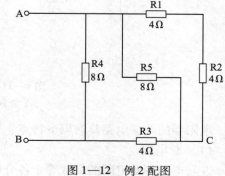

图 1—12　例 2 配图

单元 **1**

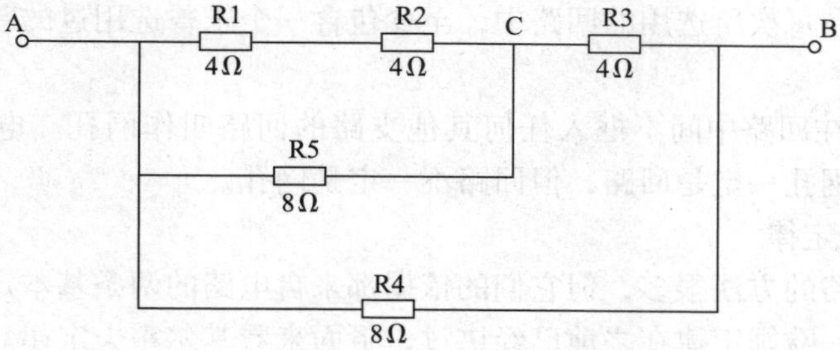

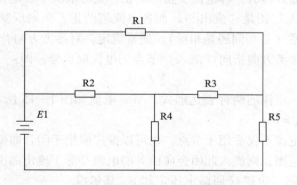

图1—13 等效电路图

$$R_{1253} = R_{125} + R_3 = 4 + 4 = 8 \ \Omega$$

$$R_{AB} = \frac{R_{1253} \times R_4}{R_{1253} \times R_4} = \frac{8 \times 8}{8 + 8} = 4 \ \Omega$$

除上述方法外，还可以利用电流的流向及电流的分、合画出等效电路图；利用电路中各等电位点分析电路，画出等效电路图。无论采取哪一种方法，都是将不易看清串并联关系的电路等效为较容易分析的电路，然后求出其等效电阻。

三、基尔霍夫定律及应用

1. 复杂电路的一些名词

前面学习了串联、并联、混联等简单直流电路，但在实际工作中，也会遇到许多不能用串、并联的方法来化简计算的电路，这种电路叫作复杂电路，如图1—14所示。

图1—14 复杂直流电路举例

判断一个电路是简单电路，还是复杂电路，应根据复杂电路的定义，而不是看电路中元件的多少。对于复杂直流电路，单用欧姆定律来计算是不行的。下面先来介绍有关电路结构的几个名词。

（1）支路。电路中的每个分支叫支路。支路是构成复杂电路的基本单元，它由一个或几个串联的电路元件构成。含有电源的支路叫作有源支路，没有电源的支路叫作无源支路。每个元件就是一条支路，串联的元件视为一条支路。

（2）节点。三个或三个以上支路的汇交点叫节点。

（3）回路。电路中任意一个闭合路径称为回路。一个回路包含若干个支路，并通过若干个节点。在每次所选用的回路中，至少包含一个未曾选用过的新支路时，这些回路称为独立回路。

（4）网孔。在回路中间不框入任何其他支路的回路叫作网孔。电路中的网孔数等于独立回路数。网孔一定是回路，但回路不一定是网孔。

2. 基尔霍夫定律

计算复杂电路的方法很多，但它们的依据都来自电路的两条基本定律——欧姆定律和基尔霍夫定律。欧姆定律在之前已经讲过，下面来看基尔霍夫定律。

基尔霍夫定律是德国物理学家基尔霍夫提出的。基尔霍夫定律是电路理论中最基本也是最重要的定律之一。它概括了电路中电流和电压分别遵循的基本规律。它包括基尔霍夫电流定律（KCL）和基尔霍夫电压定律（KVL）。它既可以用于直流电路的分析，也可以用于交流电路的分析，还可以用于含有电子元件的非线性电路的分析。运用基尔霍夫定律进行电路分析时，仅与电路的连接方式有关，而与构成该电路的元器件具有什么样的性质无关。

（1）基尔霍夫第一定律（节点电流定律）。基尔霍夫第一定律又称基尔霍夫电流定律，简记为 KCL，是确定电路中任意节点处各支路电流之间关系的定律，因此，又称为节点电流定律。节点电流定律：在任一瞬时，流向某一节点的电流之和恒等于由该节点流出的电流之和，或者说，假设进入某节点的电流为正值，离开这节点的电流为负值，则所有涉及这节点的电流的代数和等于零。在直流的情况下，则有：

$$\sum I_{\text{入}} = \sum I_{\text{出}}$$

在列写节点电流方程时，各电流变量前的正、负号取决于各电流的参考方向与该节点的关系（是"流入"还是"流出"）；而各电流值的正、负则反映了该电流的实际方向与参考方向的关系（是相同还是相反）。通常规定，对参考方向背离（流出）节点的电流取正号，而对参考方向指向（流入）节点的电流取负号，即：

$$\sum I = 0$$

上述两式是同一定律的两种表达形式。节点电流如图 1—15 所示。在图 1—15 中，$-I_1 + I_2 + I_3 - I_4 + I_5 = 0$。

基尔霍夫第一定律不仅适用于节点，也可以推广应用于闭合曲面，即电路中的某一部分被闭合曲面所包围，则流入此闭合曲面 S 的电流必等于流出曲面 S 的电流。

（2）基尔霍夫第二定律（回路电压定律）。基尔霍夫第二定律又称基尔霍夫电压定律，简记为 KVL，是确定电路中任意回路内各电压之间关系的定律，因此，又称为回路电压定律。回路电压定律：在任一瞬间，沿电路中的任一回路绕行一周，各段电压的代数和等于零，即：

$$\sum U = 0$$

由上式可进一步推出一般式子：

$$\sum IR = \sum E$$

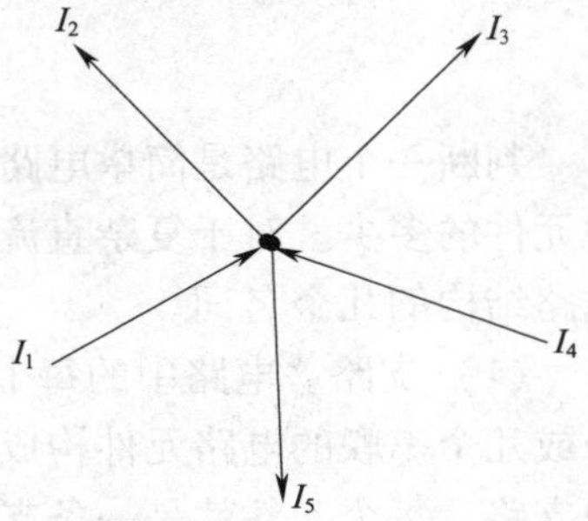

图 1—15 节点电流

回路的"绕行方向"是任意选定的，一般以虚线表示。在列写回路电压方程时通常规定，电压或电流的参考方向与回路"绕行方向"相同时，取正号，参考方向与回路"绕行方向"相反时取负号。回路电压如图1—16所示。在图1—16中，$U_1 + U_2 - U_3 - U_4 = 0$。

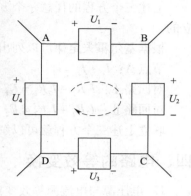

图1—16　回路电压

3. 支路电流法

支路电流法是计算复杂电路的各种方法中的一种最基本的方法。它通过应用基尔霍夫电流定律和电压定律分别对结点和回路列出所需要的方程组，而后解出各未知支路电流。其具体步骤为：

（1）首先在电路图中标出各支路电流的参考方向。

（2）列写KCL方程。一般说来，对具有n个节点的电路运用基尔霍夫电流定律只能得到（$n-1$）个独立的KCL方程。

（3）列写独立的KVL方程。独立的KVL方程数等于单孔回路的数目。

（4）联立所有列写的方程，即可求解出各支路电流。

例1—3　用支路电流法列出如图1—17所示的支路电流求解方程组。

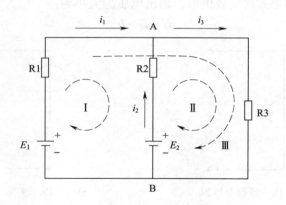

图1—17　例3配图

解：由图1—17可以看出，电路具有三条支路，两个节点和三个回路。确定支路电流方向和绕行方向如图1—17所示。

根据KCL可得：

节点A：$I_1 + I_2 = I_3$

节点B：$I_1 + I_2 = I_3$

根据KVL可得：

对回路Ⅰ：$I_1 R_1 - I_2 R_2 = E_1 - E_2$

对回路Ⅱ：$I_2 R_2 + I_3 R_3 = E_2$

对回路Ⅲ：$I_1 R_1 + I_3 R_3 = E_1$

上述三个方程的任意一个方程可由另外两个推导，所以只有两个回路电压方程是独立的。

根据基尔霍夫定律可以列出三个独立方程：

节点 A：$I_1 + I_2 = I_3$

对回路 I：$I_1 R_1 - I_2 R_2 = E_1 - E_2$

对回路 II：$I_2 R_2 + I_3 R_3 = E_2$

联立上述三个方程就可以解出各支路电流。

四、电路的等效变换

1. 电压源与电流源等效变换

电路中的电源既提供电压，也提供电流。将电源看作电压源或是电流源，主要依据电源内阻的大小。为了方便分析电路，在一定条件下电压源和电流源可以进行等效变换。

（1）电压源。具有较低内阻的电源输出的电压较为恒定，常用电压源来表征。电压源可分为直流电压源和交流电压源。大多数的实际电源可视为直流电压源。理想电压源如图 1—18 所示。

实际的电压源可以用一个恒定电动势 E 和内阻 r 的串联组合表示，如图 1—19 所示。它以输出电压的形式向负载供电，输出电压的大小为：

$$U = E - Ir$$

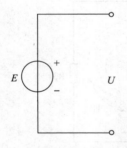

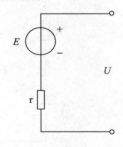

图 1—18　理想电压源　　　　　　　　图 1—19　实际电压源

一般用电设备所需的电源需要输出稳定的电压，这就要求电源的内阻越小越好，也就是越接近理想情况越好。

（2）电流源。具有较高内阻的电源输出的电流较为恒定，常用电流源来表示。实际使用的稳流电源、光电池等可视为电流源。

把内阻无穷大的电源称为理想电流源，又称恒流源。实际上电源内阻不可能为无穷大，常用一个恒定电流 I_S 和内阻 r 的并联组合来等效一个电流源。电流源以输出电流的形式向负载供电，电源输出电流 I_S 和内阻上的分流为 I_0。实际电流源和理想电流源分别如图 1—20、图 1—21 所示。

（3）电压源与电流源的等效变换。实际电源既可用电压源表示，也可用电流源表示。在满足一定条件时，电压源与电流源可以等效变换，如图 1—22 所示。

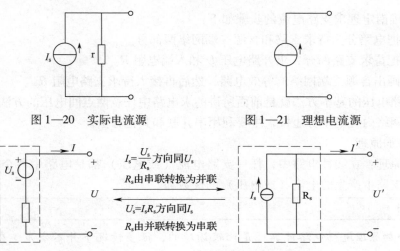

图1—20   实际电流源   图1—21   理想电流源

$I_s=\dfrac{U_s}{R_s}$ 方向同 U_s

R_s 由串联转换为并联

$U_s=I_sR_s$ 方向同 I_s

R_s 由并联转换为串联

图1—22   电压源和电流源的等效变换

例1—4   将图1—23 中的电压源转换为电流源。

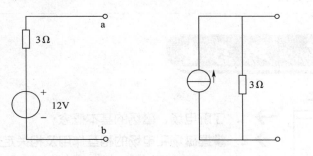

图1—23   例4配图

解：将电压源转换为电流源：

$$I_s = \frac{E}{r} = \frac{12}{3} = 4\ A$$

电流源电流的参考方向与电压源正负极参考方向一致。

2. 戴维南定理

如果一个复杂电路并不需要求所有支路的电流，而只要求某一支路的电流，在这种情况下，可以先把待求支路移开，而把其余部分等效为一个电压源，这样可以大大简化运算。

戴维南定理正是解决这个问题的方法，所以戴维南定理又称为等效电压源定理。这种等效电压源电路也称戴维南等效电路。

任何具有两个引出端的电路（或称网络）都可称为二端网络，若其中含有电源，就称为有源二端网络，否则为无源二端网络。

戴维南定理指出：任何有源二端网络都可以用一个等效电压源来代替，电压源的电动势等于二端网络的开路电压，其内阻等于有源二端网络内所有电源不起作用时网络两端的等效电阻。

单 元

1

用戴维南定理求支路电流的步骤如下：

（1）把电路分为待求支路和含源二端网络两部分。

（2）把待求支路断开，求开路电压 U 和入端电阻 R。

（3）画出含源二端网络的等效电路，然后再接入待求支路电阻 $R_{求}$。

求开路电压的基本方法就是前面所讲的求电路中任意两点间电压的方法；求入端电阻时，将网络内各电动势短接，主要利用串并联和其他方法。

3．叠加原理

叠加原理：在线性电路中，任一支路电流（或电压）都是电路中各个电源单独作用时在该支路中产生的电流（或电压）的代数和。

特别提示

用叠加原理进行电路计算还是比较烦琐的，很多情况下并不省事，在计算复杂电路时不常采用。叠加原理主要用来推导其他的定理和结论。这种叠加的思想广泛用于科学技术领域中的一些定理、结论、推导和论证。因此，叠加原理是一种分析线性电路的重要方法。

第3节　磁与电

单元 **1**

→ 1．了解电场、磁场的基本概念

→ 2．掌握磁场和电场的相互作用及相关定理

一、磁的基本概念

1．磁体、磁极与磁场

（1）磁体。磁体是指能够吸引铁、钴、镍一类物质的物体。根据其特性，磁体一般又分为永磁体和软磁体。

永磁体，即能够长期保持其磁性的磁体。永磁体是硬磁体，不易失磁，也不易被磁化。

软磁体，作为导磁体和电磁铁的材料大都属于这种情况。软磁体极性是随所加磁场极性而变化的。

（2）磁极。磁体上磁性最强的部分叫磁极。磁体周围存在磁场，磁体间的相互作用就是以磁场作为媒介的。一个磁体无论多么小都有两个磁极，可以在水平面内自由转动的磁体，静止时总是一个磁极指向南方，另一个磁极指向北方，指向南的叫作南极（S极），指向北的叫作北极（N极）。南极和北极之间呈现同性磁极相互排斥、异性磁极相互吸引的现象。如果把一条条形磁铁折成几段，在折断处就会出现两个异性磁极，每一段都变成了具有 N 极和 S 极的新独立磁体，换句话说，N 极和 S 极总是成对出现的。

（3）磁场。磁场是一种看不见、摸不着的特殊物质，磁场不是由原子或分子组成的，但磁场是客观存在的。磁场具有波粒的辐射特性。磁铁周围存在磁场，磁体间的相互作用就是以磁场作为媒介的。电流、运动电荷、磁体或变化电场周围空间存在的一种特殊形态的物质。由于磁体的磁性来源于电流，电流是电荷的运动，因而概括地说，磁场是由运动电荷或电场的变化而产生的。

2. 磁感线

为了形象地描述磁场，引入了磁力线这一概念。如果把一些小磁针放在一根条形磁铁的附近，那么在磁力线的作用下，小磁针会排列成一定的形状，连接小磁针在各点上 N 极的指向，就构成一条由 N 极向 S 极的光滑曲线，如图 1—24 所示，此曲线就是磁感线，也叫磁力线或磁通线。

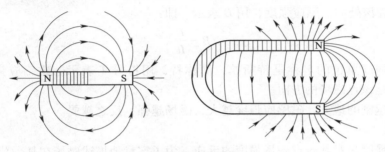

图 1—24　磁感线

3. 电流的磁效应

1820 年，丹麦物理学家汉斯·奥斯特在一个小伽伐尼电池的两极之间接上一根很细的铂丝，在铂丝正下方放置一枚磁针，然后接通电源，小磁针微微地跳动，转到与铂丝垂直的方向，证明了电流周围存在着磁场。近代科学研究又进一步证明，产生磁场的根本原因是电流，即使是永久磁铁的磁场也是由分子电流所产生。

电流中磁场的方向可由安培定则（右手螺旋定则）来判定，一般分为两种情况：

（1）直线电流的磁场。用右手握住通电直导体，让拇指指向电流方向，则弯曲的四指的指向就是磁场方向，如图 1—25 所示。

（2）环形电流产生的磁场。用右手握住螺线管，弯曲四指指向线圈电流方向，则拇指方向就是磁场方向，如图 1—26 所示。

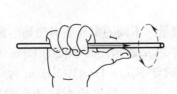

图 1—25　直导体产生的环形磁场

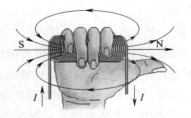

图 1—26　环形电流产生的磁场

电流产生的磁场被广泛应用在电工、电子设备等许多场合，甚至是某些尖端科研领域，可在实际学习的过程中关注电流磁场的应用实例。

二、磁场的基本物理量

1. 磁感应强度

前面学习了磁感线，对于磁场在空间的分布情况，可以用磁感线的多少和疏密程度来形象描述，但这都是定性分析。为了描述磁场中各点磁场的强弱和方向，需要引入磁感应强度等物理量。

通过实验证明，电流在磁场中所受电磁力的大小既与导线长度 l 成正比，又与电流 I 成正比。在磁场中的同一个地方，无论电流 I 和导线长度怎样改变，比值 F/Il 是恒定不变的。这个比值是由磁场本身决定的，可以用来表示磁场的强弱。

在磁场中，垂直于磁场方向的通电导线所受电磁力 F 与电流 I 和导线长度 l 的乘积 Il 的比值称为该处的磁感应强度，用 B 表示，即：

$$B = \frac{F}{Il}$$

磁感应强度单位的名称是特斯拉，简称特，用符号 T 表示。磁感应强度是矢量，它的方向就是该点磁场的方向。

磁感线越密的地方，磁感应强度越大，磁场越强；反之越弱。

2. 磁通

磁感应强度是对某一点磁场强度的反应，为了定量地描述磁场在某一范围内的分布及变化情况，引入了磁通的概念。

通过与磁场方向垂直的某一面积 S 上的磁力线的总数叫作通过该面积的磁通量，简称磁通，用 Φ 表示，它的单位是韦伯（Wb），简称韦。公式为：

$$\Phi = BS$$

如果磁场不与所讨论的平面垂直，则应以这个平面在垂直于磁场 B 的方向的投影面积与 B 的乘积表示磁通。

当面积一定时，通过该面积的磁感线越多，则磁通越大，磁场越强，通过上式可将公式变形为：

$$B = \frac{\Phi}{S}$$

这表示磁感应强度等于穿过单位面积的磁通，所以磁感应强度又称磁通密度，用 Wb/m^2 作单位。

3. 磁导率

磁导率是一个用来表示媒介质导磁性能的物理量，不同的媒介质对磁场的影响是不同的，影响的程度与媒介质的导磁性能有关。磁导率用 μ 表示，其单位为 H/m（H 表示亨利，电感单位，后续介绍），由实验测得真空中的磁导率 $\mu_0 = 4\pi \times 10^{-7}$ H/m 为一常数。

在自然界中，大多数物质对磁场的影响甚微，只有少数物质对磁场有明显的影响。把任一物质的磁导率与真空的磁导率的比值叫作相对磁导率，用 μ_r 表示，即：

$$\mu_r = \frac{\mu}{\mu_0}$$

相对磁导率只是一个比值，它表明在其他条件相同的情况下，媒介质中的磁感应强度是真空中磁感应强度的多少倍。

根据相对磁导率的大小，可将物质分为三类：

顺磁物质：其 μ_r 稍大于1。

反磁物质：其 μ_r 稍小于1。

铁磁物质：其 μ_r 远大于1。

三、磁场对电流的作用

1. 磁场对通电直导体的作用

当把两块磁体放在一起会有作用力，载流导体周围也存在着磁场，因此，如果把一根载流直导体放在磁场中，它们之间也产生作用力。实验证明，电磁力 F 的大小与导体电流大小成正比，与导体在磁场中的有效长度及载流导体所在位置的磁感应强度成正比，即：

$$F = BIl$$

式中　B——均匀磁场的磁感应强度，T；

I——导体中的电流强度，A；

l——导体在磁场中的有效长度，m；

F——导体受到的电磁力，N。

当导体垂直于磁感应强度的方向放置时，导体所受到的电磁力最大；平行放置时不受力；若直导体与感应强度方向成 α 角时则可将导体分解成与 B 垂直的分量，也就是 α 角时的有效长度，故：

$$F = BIl\sin\alpha$$

从公式可以看出：$\alpha = 90°$ 时，电磁力最大；当 $\alpha = 0°$ 时，电磁力最小；当电流方向与磁场方向斜交时，电磁力介于最大值和最小值之间。

2. 磁场对通电线圈的作用

在一个均匀的磁场中放入一个线圈，当给线圈通入电流时，它就会在电磁力的作用下旋转起来，线圈的旋转方向可按左手定则来判断，当线圈平面与磁感线平行时，线圈在 N 极一侧的有效部分所受电磁力向下，在 S 极一侧有效部分所受电磁力向上，线圈按照顺时针方向旋转，这时线圈所产生的转矩最大。当线圈平面与磁感线垂直时，电磁转矩为零，但由于惯性，线圈仍继续转动。磁场对通电线圈的作用如图1—27所示。

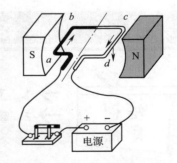

图1—27　磁场对通电线圈的作用

四、电磁感应

1. 电磁感应现象

如图1—28所示，当发生导体切割磁感线的运动，或将磁体快速插入线圈或从线圈拔出的时候，导体连接的电流表都会发生指针偏转的现象，说明线圈中有电流流过，这种利用磁场产生电流的现象称为电磁感应现象，产生的电流叫作感应电流，产生感应电流的电动势称为感应电动势。

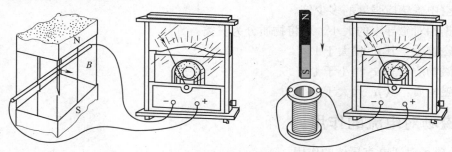

图1—28　电磁感应实验

在电磁感应的现象中，有一个重要的定律叫作楞次定律，它指出了磁通的变化与感应电动势在方向上的关系，即感应电流产生的磁通总是阻碍原磁通的变化。

2. 法拉第电磁感应定律

在上述电磁感应实验中，如果改变磁铁的插拔速度或者导体的切割速度，就会发现，速度越快，指针偏转角度越大，反之越小。而切割或插拔的速度正是反映了线圈中磁通变化的速度，即线圈中感应电动势的大小与线圈中磁通的变化率成正比，这就是法拉第电磁感应定律。

用 $\Delta\Phi$ 表示时间间隔 Δt 内一个单匝线圈中的磁通量的变化量，则一个单匝线圈产生的感应电动势的大小为：

$$e = \frac{\Delta\Phi}{\Delta t}$$

如果线圈有 N 匝，则感应电动势的大小为：

$$e = N\frac{\Delta\Phi}{\Delta t}$$

第4节　单相正弦交流电路

→ 1. 了解正弦交流电的基本知识

→ 2. 掌握 RLC 串联电路的分析和计算方法

一、正弦交流电的基本物理量

1. 交流电变化的范围

如图1—29所示为正弦交流电压的波形图。图1—29中正弦曲线表示交流电的电压或电流的变化范围。

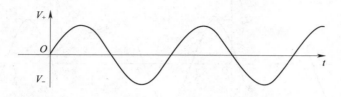

图1—29　正弦交流电压的波形图

图 1—29 中任一时刻的电压大小称为瞬时值，用小写字母 u 表示。电压的最大瞬时值称为最大值，用 U_m 表示。同理，电动势和电流的瞬时值和最大值可分别表示为 e、i 和 E_m、I_m。

与正弦交流电热效应相等的直流电的值称为正弦交流电的有效值。所谓热效应相等，是指在相同的电阻上通上直流电和正弦交流电，在相同的时间内产生的热量相等。电动势、电压和电流的有效值用大写字母 E、U、I 表示。

正弦交流电的最大值和有效值有如下关系：

$$U = U_m/\sqrt{2}$$
$$E = E_m/\sqrt{2}$$
$$I = I_m/\sqrt{2}$$

有效值说明的是正弦交流电做功的能力，电压表和电流表的测量值都是有效值。

2．周期、频率和角频率

周期：正弦交流电每完成一个完整波形变化所需要的时间称为周期，用符号 T 表示，单位是 s（秒）。

频率：正弦交流电在一秒内完成周期性变化的次数叫作频率，用符号 f 表示，单位是 Hz（赫）。

$$f = \frac{1}{T}$$

角频率：正弦交流电在一秒内变化的角度称为角频率，用符号 ω 表示，单位是 rad/s（弧度/秒）。

$$\omega = 2\pi f = \frac{2\pi}{T}$$

3．相位和初相位

正弦量在任意时刻的电角度称为相位角，也称相位或相角，用 $\omega t + \varphi$ 表示，它反映了交流电变化的进程。

正弦量在 $t = 0$ 时刻的相位叫作初相位，也称初相角或初相，用符号 φ_0 表示。初相角的大小规定为正弦曲线由负变正的过零点与原点之间的夹角，落在原点左边的为"＋"，右边的为"－"，如图 1—30 所示。

二、正弦交流电的表示法

为了便于研究交流电，人们通常用三种形式表示一个正弦交流电。

单元
1

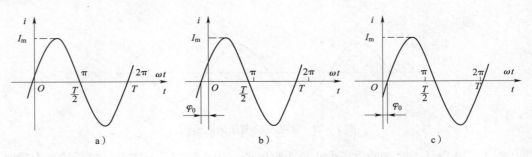

图1—30　相位和初相位

1．解析式表示法

解析式表示法，就是用一个数学式子来表示正弦交流电随时间的变化情况，如：

$$i = 10\sin (50\pi t + 30°)$$

2．波形图表示法

波形图表示法就是用波形表示正弦信号随时间变化的情况。前面所画图形均为波形图表示法，在纵轴上可以确定瞬时值和最大值，在横轴上可以确定角频率和初相角，是最直观的一种表示方法。

3．相量图表示法

相量图表示法也叫旋转矢量法，正弦交流电的一个周期为360°，绕直角坐标系原点一周也是360°，二者正好对应，取旋转矢量的模按一定长度比例表示正弦交流电的最大值，用 U_m 表示，取该矢量与横轴正向的夹角为初相角，用 φ 表示，取旋转矢量的转速表示交流电的角速度或角频率，用 ω 表示，这样就可以用旋转矢量法把正弦交流电表示清楚，如图1—31所示。

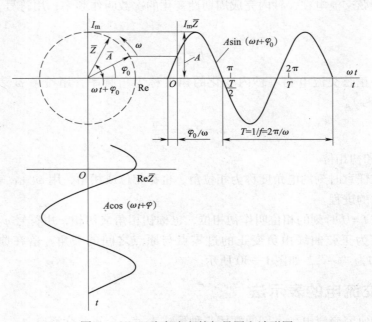

图1—31　正弦交流电的矢量图和波形图

应用相量图时注意以下几点：

（1）同一相量图中，各正弦交流电的频率应相同。

（2）同一相量图中，相同单位的相量应按相同比例画出。

（3）一般取直角坐标轴的水平正方向为参考方向，逆时针转动角度为正；反之为负。

三、单一元件交流电路

1. 纯电阻电路

交流电路中如果只考虑电阻的作用，这种电路称为纯电阻电路，在这些电路中，当外电压一定时，影响电流大小的主要因素是电阻 R。

设加在电阻两端的电压为：$u = U_m \sin\omega t$，那么任一瞬间通过电阻的电流根据欧姆定律可得：

$$i = \frac{u}{R} = \frac{U_m \sin\omega t}{R}$$

那么最大值时刻也遵循上式，即：

$$I_m = \frac{U_m}{R}$$

上式两边同时除以 $\sqrt{2}$，则可得有效值的关系也符合上式，即：

$$I = \frac{U}{R}$$

在任一瞬间，电阻中电流瞬时值与同一瞬间的电阻两端电压的瞬时值的乘积，称为电阻获得的瞬时功率，用 P_R 表示，即：

$$P_R = ui = \frac{U_m^2}{R} \sin^2\omega t$$

上式表明 P 在任一时刻的数值都大于或等于零，这就说明电阻总要消耗功率，因此，电阻是一种耗能元件。

由于瞬时功率时刻变动，通常以一个周期消耗功率的平均值来表示功率的大小，叫作平均功率，又称有功功率，用 P 表示，单位仍是 W（瓦）。电压、电流用有效值表示时，平均功率 P 的计算与直流电路相同，即：

$$P = UI = I^2 R = \frac{U^2}{R}$$

2. 纯电感电路

线圈组成的电路称为感性电路，若线圈的电阻忽略不计，称为纯电感电路。多匝导线绕制的线圈称为电感元件。

电感元件通电后，线圈会产生自感电动势，自感电动势会企图阻止电流的变化，为体现电感对电流大小的阻碍作用，引入物理量感抗，其表达式为：

$$X_L = \omega L = 2\pi f L$$

电感对电流的阻碍作用与电阻相同，其单位也是 Ω（欧），纯电感电路正弦交流电

单元

1

符合欧姆定律，表达式为：

$$i = \frac{u}{X_L} = \frac{U_m \sin\omega t}{X_L}$$

纯电感电路的瞬时功率为：

$$p = ui = UI\sin2\omega t$$

从上式可以看出，电感线圈在整个周期的平均功率为 0，在正半周，电感线圈吸取电能转换为磁场能，储存于线圈的磁场中；负半周，电感线圈释放磁场能转换成电能送回电源。

不同的电感与电源转换能量的多少也不同，通常用瞬时功率的最大值来反映电感和电源直接转换能力的规模，称为无功功率，用 Q_L 表示，单位名称是乏，符号位 Var，其计算式为：

$$Q_L = U_L I = I^2 X_L = \frac{U_L^2}{X_L}$$

3. 纯电容电路

电容器用字母 C 表示，它可以理解为一种用来储存电荷的"容器"。

电容量是衡量电容器储存电荷能力大小的一个物理量，简称电容，其大小与极板面积、形状、极板间的距离和电介质有关，电容一词既表示电容元件本身，又表示其参数。

电容的单位为法拉（F），简称法。实际应用中，由于法拉单位太大，常用的有微法（μF）和皮法（pF）。相互的换算关系为：

$$1 \ \mu F = 10^{-6} \ F$$
$$1 \ pF = 10^{-12} \ F$$

把电容器接到交流电源上，如果电容器的电阻和分布电感可以忽略不计，可以把这种电路近似地看成是纯电容电路。电容器接入电源后，电荷向电容器的极板上聚集，形成充电电流。电容电压的升高是靠两极板电荷的积累产生的，而电荷的积累需要一定的时间，所以电压的相位要滞后于电流，推导证明，电压滞后于电流的角度为 π/2，频率与电流一致。容抗的计算公式为：

$$X_C = \frac{1}{\omega C} = \frac{1}{2\pi f C}$$

在正弦交流电路的计算中，容抗与电阻具有同样的作用，单位也是 Ω（欧）。容抗与电压、电流同样符合欧姆定律，这里不再赘述。

与纯电感电路的分析方法相同，可知电容也是储能元件。瞬时功率为正值，电容从电源吸收能量；瞬时功率为负值，电容释放能量。电容也是一种不消耗功率的元件，纯电容电路的无功功率为：

$$Q_C = UI = I^2 X_C = \frac{U^2}{X_C}$$

四、RLC 串联交流电路

1. RLC 串联电路电流与电压的关系

RLC 串联电路的总电压瞬时值等于多个元件上电压瞬时值之和，即：

$$u = u_R + u_L + u_C$$

经分析可得：

$$U = U_R^2 + (U_L - U_C)^2$$

将 $U_R = IR$、$U_L = IX_L$、$U_C = IX_C$ 带入上式，可得：

$$U = I\sqrt{R^2 + (X_L - X_C)^2} = I\sqrt{R^2 + X^2} = IZ$$

式中 $X = X_L - X_C$，称为电抗，$Z = \sqrt{R^2 - X^2}$ 称为阻抗，单位是 Ω（欧），电压与电流的相位差为 φ，用公式表示为：

$$\varphi = \arctan\frac{U_L - U_C}{U_R} = \arctan\frac{X_L - X_C}{R}$$

2. RLC 串联电路的阻抗

由之前的知识可知：

$$|Z| = \sqrt{R^2 + (X_L - X_C)^2}$$

由于 R、L、C 参数以及电源频率 f 的不同，电路可能出现三种可能：

（1）电感性电路

当 $X_L > X_C$ 时，阻抗角 $\varphi > 0$，电路呈电感性，电压超前电流 φ。

（2）电容性电路

当 $X_L < X_C$ 时，阻抗角 $\varphi < 0$，电路呈电容性，电压滞后电流 φ。

（3）电阻性电路

当 $X_L = X_C$ 时，阻抗角 $\varphi = 0$，电路呈电阻性，电压和电流同相。

3. RLC 串联电路的功率

前面分析过纯电阻电路、纯电容电路和纯电感电路，得知只有电阻是消耗功率的，所以 RLC 中消耗的功率就是电阻上消耗的功率，即：

$$P = U_R I = UI\cos\varphi$$

由于电感和电容两端的电压在任何时刻都是反相的，所以电感和电容的瞬时功率符号也相反。当电感吸收能量时，电容放出能量；电容吸收能量时，电感放出能量，二者能量相互补偿的不足部分才由电源补充，所以电路的无功功率为电感和电容上的无功功率之差，即：

$$Q = Q_L - Q_C = (U_L - U_C)I = UI\sin\varphi$$

电压与电流有效值的乘积定义为视在功率，用 S 表示，单位为伏·安（V·A）。视在功率并不代表电路中消耗的功率，它常用于表示电源设备的容量。负载消耗的功率要视实际运行中负载的性质和大小而定。视在功率 S 与有功功率 P 和无功功率 Q 的关系为：

$$S = \sqrt{P^2 + Q^2} \quad P = S\cos\varphi \quad Q = S\sin\varphi$$

式中 $\cos\varphi = \dfrac{P}{S}$，称为功率因数，表示电源功率被利用的程度。

单元

1

第5节 三相交流电路

→ 1. 了解三相交流电的基本知识
→ 2. 掌握三相交流电路的分析和计算方法

一、三相交流电基础知识

1. 三相交流电的基本概念

三相交流电是由三个频率相同、振幅相等、相位差互差 120° 角的交流电路组成的电力系统。目前，我国生产、配送的都是三相交流电。三相电动势分别记做 e_U 相、e_V 相、e_W 相，并且以 e_U 相为参考正弦量。

和单相交流电相比，三相交流电具有以下优点：

（1）三相发电机比尺寸相同的单相发电机输出的功率大。

（2）三相发电机的结构和制造不比单相发电机复杂多少，且使用、维护都较方便，运转时比单相发电机振动小。

（3）在同样条件下输送同样大的功率时，特别是在远距离输电时，三相输电线比单相输电线可节约 25% 左右的材料。

2. 三相交流电的相序

三相交流电动势到达正（或负）最大值的先后次序叫相序。若 e_U 在相位上超前 e_V120°，e_V 超前 e_W120°，这时三相电动势的相序是 U—V—W，称为正序；若任意对调两相，则为反序。没有特别说明时，即指正序。

3. 三相交流电源

由三个频率相同、振幅相等、相位依次互差 120° 的交流电势组成的电源称为三相交流电源。它是由三相交流发电机产生的。日常生活中所用的单相交流电实际上是由三相交流电的一相提供的，由单相发电机发出的单相交流电源现在已经很少采用。

二、三相负载的联结

根据负载额定电压的不同，三相负载的联结也有两种方式，即星形（Y）联结和三角形（△）联结。其目的是要使负载实际承受的电压与负载的额定电压相等，以保证三相负载安全正常地工作。

1. 三相负载的星形（Y）联结

接在三相电源上的负载统称为三相负载，并且把各相负载相同（负载大小和性质相同）的三相负载称为三相对称负载，如三相电动机、三相电炉等。将三相负载分别接在三相电源的一根相线与中线之间的接法称为星形（Y）联结，如图 1—32 所示。

单元

1

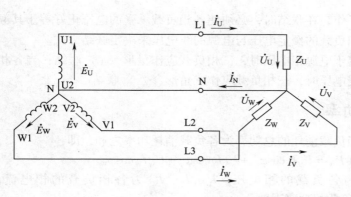
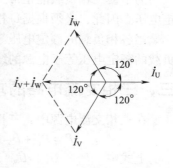

图1—32 三相负载的星形接法及电流相量图

三相负载星形（Y）联结的特点：

$$U_{线} = \sqrt{3}\,U_{Y相}$$

$$I_{Y线} = I_{Y相} = \frac{U_{Y相}}{Z_{相}}$$

$$\varphi = \arctan\frac{X_L}{R}$$

　　三相对称负载作星形（Y）联结时，中线电流为零，故可省去中线，此时并不影响三相电路的工作，各相负载的相电压仍为对称的电源相电压，三相四线制就变成了三相三线制，如图1—33所示。

2. 三相负载的三角形（△）联结

　　将三相负载分别接在三相电源的每两根相线之间的接法称为三角形（△）联结，如图1—34所示。

　　三相负载三角形（△）联结的特点：

$$U_{△线} = U_{△相}$$

$$I_{△线} = \sqrt{3}\,I_{△相}$$

各线电流在相位上比与它相对应的相电流滞后30°。

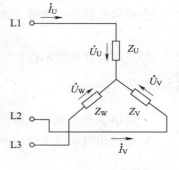

图1—33 三相三线图

单元
1

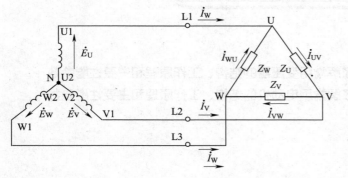
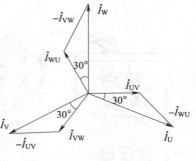

图1—34 三相负载的三角形（△）联结及电流相量图

为了使三相负载能正常工作，在联结时，必须使各相负载承受的电压正好等于其额定电压。因此，必须根据每相负载的额定电压与电源的线电压来决定联结方式。

当各相负载的额定电压等于电源相电压时，三相负载应作星形（Y）联结；当各相负载的额定电压等于电源的线电压时，三相负载应作三角形（△）联结。

三、三相交流电路的功率

在三相交流电源中，三相负载消耗的总功率为各负载消耗功率之和，即：

$$P = P_U + P_V + P_W = U_U I_U \cos\varphi_U + U_V I_V \cos\varphi_v + U_W I_W \cos\varphi_W$$

上式中，U_U、U_V、U_W 为各负载的相电压，I_U、I_V、I_W 为各相负载的相电流，$\cos\varphi_U$、$\cos\varphi_V$、$\cos\varphi_W$ 为各相负载的功率因数。

在对称三相电路中，各相负载的相电压、相电流的有效值相等，功率因数也相等，因而上式可变为：

$$P = 3U_{相} I_{相} \cos\varphi = 3P_{相}$$

在实际工作中，对于三角形（△）联结的负载，三相功率的计算式通常用线电流、线电压来表示。

当对称负载作星形（Y）联结时，有功功率为：

$$P_Y = 3U_{相Y} I_{相Y} \cos\varphi = \sqrt{3}U_{线} I_{线} \cos\varphi$$

当对称负载作三角形（△）联结时，有功功率为：

$$P_{\triangle} = 3U_{相\triangle} I_{相\triangle} \cos\varphi = \sqrt{3}U_{线} I_{线} \cos\varphi$$

即三相对称负载不论是连成星形（Y）联结还是三角形（△）联结，其总有功功率均为：

$$P = \sqrt{3}U_{线} I_{线} \cos\varphi$$

上式中 φ 是负载相电压与相电流之间的相位差。

对称三相负载的无功功率和视在功率分别为：

$$Q = 3U_{相} I_{相} \sin\varphi$$

$$S = 3U_{相} I_{相}$$

第6节　变压器与电动机

→ 1. 了解常用变压器的结构、工作原理和主要性能参数
→ 2. 了解常用电动机的结构、工作原理和主要性能参数

一、变压器

变压器是电子电路以及电力系统中非常常见的器件，小到收音机，大到日常生活中

单元 1

大型电网用来升压降压的电力变压器。变压器原理很简单，顾名思义，变压器的主要作用就是变压，也就是改变电压。变压器的原理是电磁感应技术，变压器有两个分别独立的共用一个铁芯的线圈，分别叫作变压器的初级线圈和次级线圈。当初级线圈中通有交流电流时，铁芯（或磁芯）中便产生交流磁通，使次级线圈中感应出电压（或电流）。下面简单介绍变压器的相关知识。

1. 变压器的基本原理

变压器由铁芯（或磁芯）和线圈组成，线圈有两个或两个以上的绕组，其中接电源的绕组叫初级线圈，其余的绕组叫次级线圈。在发电机中，不管是线圈运动通过磁场或磁场运动通过固定线圈，均能在线圈中感应电动势，变压器就是一种利用电磁感应变换电压、电流和阻抗的器件。

变压器的基本结构主要包括三个部分：

（1）铁芯。铁芯由铁芯柱和铁轭两部分组成，它是变压器的主磁路，为了提高导磁性能和减少铁损，用厚为 0.35 ~ 0.5 mm、表面涂有绝缘漆的热轧或冷轧硅钢片叠成。

（2）绕组。绕组是变压器的电路，一般用绝缘铜线或铝线（扁线或圆线）绕制而成。

如图 1—35 所示的变压器有两组绕组：一组绕组与电源相连，称为一次绕组（或原绕组），这一侧称为一次侧（或原边）；另一组绕组与负载相连，称为二次绕组（或副绕组），这一侧称为二次侧（或副边）。

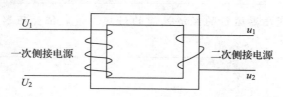

图 1—35　变压器绕组

（3）其他结构部件。变压器还包括其他部件，如绝缘结构等。油浸式电力变压器的结构中还包括油箱、绝缘套管、储油柜、安全气道等。

变压器的主要部件是一个铁芯和套在铁芯上的两组绕组。两组绕组只有磁耦合。在一次绕组中加上交变电压，产生交链一次、二次绕组的交变磁通，在两组绕组中分别感应电动势 e_1、e_2。

只要满足以下两个条件，就能改变电压：磁通有变化量；一次、二次绕组的匝数不同。

2. 变压器的种类

变压器的分类方式有多种：

（1）按用途分：电力变压器和特种变压器。

（2）按绕组数目分：单绕组（自耦）变压器、双绕组变压器、三绕组变压器和多绕组变压器。

（3）按相数分：单相变压器、三相变压器和多相变压器。

（4）按铁芯结构分：心式变压器和壳式变压器。

（5）按调压方式分：无励磁调压变压器和有载调压变压器。

（6）按冷却介质和冷却方式分：干式变压器、油浸式变压器和充气式变压器。

（7）按容量分：小型、中型、大型和特大型变压器。

3. 变压器的损耗和效率

（1）变压器的损耗。变压器的损耗主要是铁损耗和铜损耗两种。

铁损耗包括基本铁损耗和附加铁损耗。基本铁损耗为磁滞损耗和涡流损耗。附加损耗包括由铁芯叠片间绝缘损伤引起的局部涡流损耗、主磁通在结构部件中引起的涡流损耗等。铁损耗与外加电压大小有关，而与负载大小基本无关，故也称为不变损耗。

铜损耗分为基本铜损耗和附加铜损耗。基本铜损耗是在电流在一次、二次绕组直流电阻上的损耗；附加损耗包括因趋肤效应引起的损耗以及漏磁场在结构部件中引起的涡流损耗等。铜损耗大小与负载电流平方成正比，故也称为可变损耗。

（2）变压器的效率。效率是指变压器的输出功率与输入功率的比值。用公式表示为：

$$\eta = \frac{P_2}{P_1} \times 100\%$$

特别提示

效率大小反映变压器运行的经济性能的好坏，是表征变压器运行性能的重要指标之一。

单元
1

4. 常用变压器

我国变压器的主要系列：SJL1（三相油浸铝线电力变压器）、SEL1（三相强油风冷铝线电力变压器）、SFPSL1（三相强油风冷三线圈铝线电力变压器）、SWPO（三相强油水冷自耦电力变压器）等，以上几种都属于三相变压器，主要包含以下两个类型：

（1）三相变压器组。三相变压器组中三相磁路彼此无关，如图1—36所示。

（2）三相心式变压器。三相心式变压器中三相磁路彼此相关，如图1—37所示。

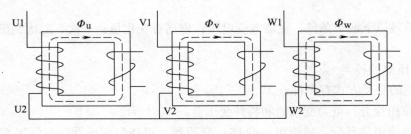

图1—36　三相变压器组

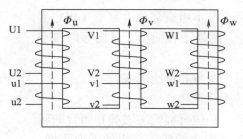

图1—37 三相心式变压器

二、电动机

1. 单相异步电动机

实现电能与机械能相互转换的电工设备总称为电机。电机是利用电磁感应原理实现电能与机械能的相互转换。把机械能转换成电能的设备称为发电机，而把电能转换成机械能的设备叫作电动机。

由单相交流电源供电的异步电动机称为单相交流异步电动机。家用电器及医疗器械中都使用单相交流异步电动机。

单相交流异步电动机具有结构简单、成本低廉、噪声小等优点；但它与同容量的三相异步电动机比较，体积较大，功率因数、效率及过载能力都较低。单相交流异步电动机只做成小容量的，一般不到1 kW。

单相交流异步电动机的定子铁芯是用硅钢片叠成的，但铁芯的槽内仅安放两套绕组，绕组根据启动特性及运行性能等不同的特点进行布置；单相交流异步电动机的转子是采用笼式结构，如图1—38所示。

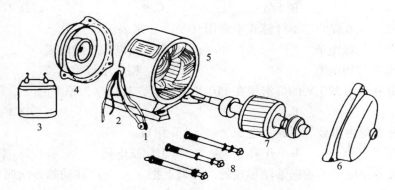

图1—38 单相交流异步电动机的结构

1—电源接线 2—机座 3—电容器 4—后端盖 5—定子 6—前端盖 7—转子 8—紧固螺杆

根据单相电动机启动方法的不同，常见的主要有单相电阻启动异步电动机、单相电容运行异步电动机、单相电容启动异步电动机、单相电容启动和运行异步电动机、单相罩极式异步电动机等。

2. 三相异步电动机

三相异步电动机的两个基本组成部分为定子（固定部分）和转子（旋转部分）。此外还有端盖、风扇等附属部分，如图1—39所示。

定子由定子铁芯、定子绕组和机座组成。

转子由转子铁芯、转子绕组和转轴组成。

欲使异步电动机旋转，必须有旋转的磁场和闭合的转子绕组，并且旋转的磁场和闭合的转子绕组的转速不同，这也是"异步"二字的含义。三相电源流过在空间互差一定角度按一定规律排列的三相绕组时，便会产生旋转磁场；旋转磁场的方向是由三相绕组中电源相序决定的。

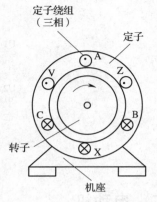

图1—39　三相异步电机结构图

特别提示

三相异步电动机中的电磁关系同变压器类似，定子绕组相当于变压器的原绕组，转子绕组（一般是短接的）相当于副绕组。

单元测试题

一、选择题

单元 1

1. 电荷的基本单位是（　　）。

A. 安秒　　　　　　B. 安培　　　　　　C. 库仑　　　　　　D. 千克

2. 将一根导线均匀拉长为原长度的3倍，则阻值为原来的（　　）倍。

A. 3　　　　　　　　B. 1/3　　　　　　C. 9　　　　　　　　D. 1/9

3. 三相对称负载的功率计算式中常用（　　）来表示。

A. 线电压与线电流　　　　　　　　　B. 相电压与线电流

C. 线电压与相电流　　　　　　　　　D. 相电压与相电流

4. 额定电压为220 V的灯泡接在110 V电源上，其功率为原来的（　　）。

A. 2　　　　　　　　B. 4　　　　　　　C. 1/2　　　　　　D. 1/4

5. 电路主要由负载、线路、电源、（　　）组成。

A. 变压器　　　　　　B. 开关　　　　　　C. 发电机　　　　　D. 仪表

6. 电流是由电子的定向移动形成的，习惯上把（　　）移动的方向叫作电流的方向。

A. 左手定则　　　　　B. 右手定则　　　　C. 正电荷　　　　　D. 负电荷

7. 交流电的三要素是指最大值、频率、（　　）。

A. 相位　　　　　　　B. 角度　　　　　　C. 初相角　　　　　D. 电压

8. 两根平行导线通过同向电流时，导体之间相互（　　）。

A. 排斥　　　　　　　B. 产生磁场　　　　C. 产生涡流　　　　D. 吸引

9. 感应电流所产生的磁通总是企图（　　　）原有磁通的变化。

A. 影响　　　　　　B. 增强　　　　　　C. 阻止　　　　　　D. 衰减

10. 电容器在直流稳态电路中相当于（　　　）。

A. 短路　　　　　　B. 开路　　　　　　C. 高通滤波器　　　　D. 低通滤波器

11. 在纯电感电路中，没有能量消耗，只有能量（　　　）。

A. 变化　　　　　　B. 增强　　　　　　C. 交换　　　　　　D. 补充

12. 电场力在单位时间内所做的功叫作（　　　）。

A. 功耗　　　　　　B. 功率　　　　　　C. 电功率　　　　　D. 耗电量

13. 电力系统中以"kW·h"作为（　　　）的计量单位。

A. 电压　　　　　　B. 电能　　　　　　C. 电功率　　　　　D. 电位

14. 三相电动势的相序为 U—V—W 称为（　　　）。

A. 负序　　　　　　B. 正序　　　　　　C. 零序　　　　　　D. 反序

二、判断题

1. 右手螺旋定则：四指表示电流方向，大拇指表示磁力线方向。（　　　）
2. 电位高低是指该点对参考点间的电流大小。（　　　）
3. 直导线在磁场中运动一定会产生感应电动势。（　　　）
4. 自感电动势的方向总是与产生它的电流方向相反。（　　　）
5. 将一根条形磁铁截去一段仍为条形磁铁，它仍具有两个磁极。（　　　）
6. 视在功率就是有功功率加上无功功率。（　　　）
7. 三相负载作三角形联结时，线电压等于相电压。（　　　）
8. 不引出中性线的三相供电方式叫三相三线制，一般用于高压供电系统。（　　　）
9. 三相电动势达到最大值的先后次序叫作相序。（　　　）
10. 一个线圈电流变化在另一个线圈产生的电磁感应现象叫自感。（　　　）

单元

1

三、填空题

1. 在直流电路中电流和电压的_____和_____都不随时间变化。
2. 在交流电路中电流和电压的大小和方向都随时间做周期性变化，这样的电流、电压分别称作交变电流、交变电压，统称为_____。
3. 在正弦交流电压的波形图坐标系中，横坐标表示_____，纵坐标表示_____。
4. 三相四线制的_____和_____都是对称的。
5. 电动机是由_____和_____两个基本部分组成的。
6. 变压器与电源连接的称为_____，与负载连接的绕组称为_____。
7. 电场强度是_____量，它既有_____又有方向。
8. 利用_____产生电流的现象叫作电磁感应现象。
9. 平均功率等于_____与_____的有效值之积。
10. 变压器工作时的功率损失有_____和_____。

四、问答题

1. 变压器在电力系统中主要作用是什么？

2. 三相异步电动机是怎样转起来的?

单元测试题答案

一、选择题

1. C 2. C 3. A 4. D 5. B 6. C 7. C 8. D 9. C 10. B 11. C
12. C 13. B 14. B

二、判断题

1. √ 2. × 3 × 4. × 5. √ 6. × 7. √ 8. √ 9. √ 10. ×

三、填空题

1. 大小、方向 2. 交流电 3. 时间、电压瞬时值 4. 相电压、线电压 5. 定
子、转子 6. 原绕组、副绕组 7. 矢、大小 8. 磁场 9. 电压、电流 10. 铜损、
铁损

四、问答题（略）

单元
1

第**2**单元

简单单元电路知识

第1节 半导体简介

→ 1. 了解二极管的基本知识，掌握二极管的应用
→ 2. 了解三极管的基本知识，掌握三极管的应用

一、半导体二极管

1. 半导体的基础知识

半导体的导电能力介于导体和绝缘体之间，其导电能力随温度、光照或所掺杂质的不同而显著变化，特别是掺杂可以改变半导体的导电能力和导电类型，因而半导体广泛应用于各种器件及集成电路。

（1）本征半导体。高度提纯、几乎不含任何杂质的半导体称为本征半导体。硅（Si）和锗（Ge）是常用的半导体材料，均属四价元素，它们的原子最外层均有四个价电子，与相邻四个原子的价电子组成共价键。硅、锗原子的简化模型和它们的晶体结构平面图如图2—1所示。

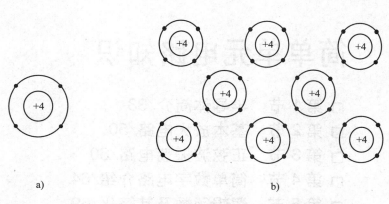

a)   b)

图2—1 硅、锗原子的简化模型及晶体结构平面图
a）原子模型 b）晶体结构平面图

共价键中的价电子受激发获得能量并摆脱共价键的束缚而成为"自由电子"（简称电子），并在原共价键的位置上留下一个"空位"（称空穴），这一过程称为本征激发。本征激发产生成对的电子和空穴。电子和空穴均是能够自由移动的带电粒子，称为载流子。电子被共价键俘获，造成电子—空穴对消失，这一现象称为复合。

（2）杂质半导体。在本征半导体中，掺入一定量的杂质元素，就成为杂质半导体。在本征半导体（硅或锗）中掺入五价施主杂质（如磷、砷）形成N型半导体。在本征半导体（硅或锗）中掺入三价受主杂质（如硼、铟）形成P型半导体。在N型半导体中掺入比原有的五价杂质元素更多的三价杂质元素，可转型为 P 型；在 P 型半导体中掺入足够的五价杂质元素，可转型为 N 型。

（3）PN 结

1）PN 结的形成机理。将一种杂质半导体（N 型或 P 型）通过局部转型，使之分成 N 型和 P 型两个部分，由于 N 区的电子多空穴少，而 P 区则空穴多电子少，在交界面两侧就出现了浓度差，从而引起了多数载流子的扩散运动，扩散到相反区域的载流子将被大量复合，在交界面附近载流子的浓度就会下降，仅留下不能移动的杂质离子，从而形成了一个很薄的空间电荷区，这就是 PN 结，又称为耗尽层。空间电荷区出现的同时，也产生了一个由 N 区指向 P 区的内电场。显然，内电场将阻止多子的扩散，因此，空间电荷区又称为势垒区或阻挡层。另一方面，内电场将引起少数载流子的漂移运动，P 区的电子向 N 区运动，而 N 区的空穴向 P 区运动。PN 结的形成如图 2—2 所示。

因此，在交界面两侧同时存在扩散和漂移这两种方向相反的运动。显然，在无外电场或其他激发作用下，扩散和漂移将达到动态平衡，空间电荷区的宽度基本保持不变。此时，扩散电流与漂移电流大小相等，方向相反，流过 PN 结的总电流为零。

2）PN 结的伏安特性。PN 结的伏安特性如图 2—3 所示。

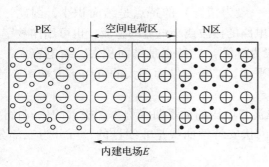

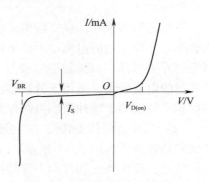

图 2—2　PN 结的形成　　　　　　　图 2—3　PN 结的伏安特性

若在 PN 结两端外加电压，即给 PN 结加偏置，就将破坏原来的平衡状态，PN 结中将有电流流过。而当外加电压极性不同时，PN 结表现出截然不同的导电性能。

①正向导通。若 PN 结的 P 端接电源正极、N 端接电源负极，这种接法称为正向偏置，简称正偏。此时，PN 结对外电路呈现较小的电阻，这种状态称为正向导通。

②反向截止。若 PN 结的 P 端接电源负极、N 端接电源正极，这种接法称为反向偏置，简称反偏。此时，PN 结对外电路呈现较高的电阻，这种状态称为反向截止。

③PN 结的击穿特性。当加在 PN 结上的反偏压超过一定数值时，反向电流急剧增大，这种现象称为击穿。按击穿机理的不同，击穿可分为齐纳击穿和雪崩击穿两种。齐纳击穿发生于重掺杂的 PN 结中，雪崩击穿发生于轻掺杂的 PN 结中。

2. 二极管的特性及主要参数

（1）晶体二极管的结构及分类。半导体二极管就是由一个 PN 结加上相应的电极引线及管壳封装而成的。常用二极管的符号、结构和外形如图 2—4 所示。由 P 区引出的电极称为阳极，N 区引出的电极称为阴极。二极管的种类很多，按材料来分，最常用的有硅管和锗管两种；按结构来分，有点接触型，面接触型和硅平面型几种；按用途来分，有普通二极管、整流二极管、稳压二极管等多种。

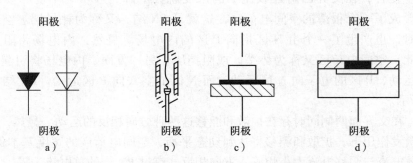

图 2—4　常用二极管的符号、结构和外形

a）符号　b）点接触型　c）面接触型　d）硅平面型

从工艺结构来看，点接触型二极管（一般为锗管）的特点是结面积小，因此，结电容小，允许通过的电流也小，适用高频电路的检波或小电流的整流，也可用作数字电路里的开关元件；面接触型二极管（一般为硅管）的特点是结面积大，结电容大，允许通过的电流较大，适用于低频整流；硅平面型二极管结面积大的可用于大功率整流，结面积小的适用于脉冲数字电路作开关管。

（2）二极管的伏安特性。二极管的电流与电压的关系曲线称为二极管的伏安特性。其伏安特性曲线如图 2—5 所示。二极管的伏安特性曲线是非线性的，可分为三部分：正向特性、反向特性和反向击穿特性

1）正向特性。当外加正向电压很低时，正向电流几乎为零。当正向电压超过一定数值时，才有明显的正向电流，这个电压值称为死区电压，通常硅管的死区电压约为 0.5 V，锗管的死区电压约为 0.2 V，当正向电压大于死区电压后，正向电流迅速增长，曲线接近上升直线，二极管的正向压降变化很小，硅管正向压降为 0.6 ~ 0.7 V，锗管的正向压降为 0.2 ~ 0.3 V。二极管的伏安特性对温度很敏感，温度升高时，正向特性曲线向左移，研究表明，温度每升高 1℃，正向压降减小 2 mV。

2）反向特性。二极管加上反向电压时，形成很小的反向电流，且在一定温度下，它的数量基本维持不变，因此，当反向电压在一定范围内增大时，反向电流的大小基本恒定，而与反向电压大小无关，

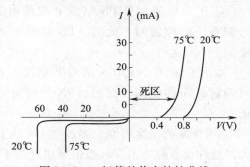

图 2—5　二极管的伏安特性曲线

故称为反向饱和电流，一般小功率锗管的反向电流可达几十微安，而小功率硅管的反向电流要小得多，一般在$0.1\ \mu A$以下，当温度升高时，少数载流子数目增加，使反向电流增大，特性曲线下移，研究表明，温度每升高$10℃$，反向电流近似增大一倍。

3）反向击穿特性。当二极管的外加反向电压大于一定数值（反向击穿电压）时，反向电流突然急剧增加，此现象称为二极管反向击穿。反向击穿电压一般在几十伏以上。

（3）二极管的主要参数。器件的参数是正确选择、使用器件的依据。各种器件的参数由厂家产品手册给出，半导体二极管的主要参数有以下几个：

1）最大整流电流I_{DM}。

2）反向工作峰值电压V_{RM}。

3）反向峰值电流I_{RM}。

4）最高工作频率f_M。

3. 二极管的检测与应用

（1）二极管的检测

1）极性的判别。将万用表置于$R \times 100$挡或$R \times 1\ k$挡，两表笔分别接二极管的两个电极，测出一个结果后，对调两表笔，再测出一个结果。两次测量的结果中，有一次测量出的阻值较大（为反向电阻），一次测量出的阻值较小（为正向电阻）。在阻值较小的一次测量中，黑表笔接的是二极管的正极，红表笔接的是二极管的负极。

2）单向导电性能的检测及好坏的判断。通常，锗材料二极管的正向电阻值为$1\ k\Omega$左右，反向电阻值为$300\ k\Omega$左右。硅材料二极管的电阻值为$5\ k\Omega$左右，反向电阻值为∞（无穷大）。正向电阻越小越好，反向电阻越大越好。正、反向电阻值相差越悬殊，说明二极管的单向导电特性越好。若测得二极管的正、反向电阻值均接近0或阻值较小，则说明该二极管内部已击穿短路或漏电损坏。若测得二极管的正、反向电阻值均为无穷大，则说明该二极管已开路损坏。

（2）二极管的应用。在各种电子电路中，二极管是应用最频繁的器件之一。应用二极管主要是利用它的单向导电性。理想情况下，二极管导通时可以等效为短路，截止时可以等效为断路。

1）开关电路。普通二极管常用来作为电子开关，如图2—6所示。图2—6中u_i为交流信号，其幅度一般很小，约为几毫伏以下；E为控制二极管VD通断的直流电压，可达几伏以上。

显然，当$E = 0$时，由于二极管（假设为硅管）的导通电压约在$0.7\ V$，几毫伏的交流电压u_i不足以使其导通，因此，二极管VD截止，近似为开路，输出电压$u_o = 0$；当E为几伏以上时，二极管VD导通，近似为短路，输出交流电压（不计直流）

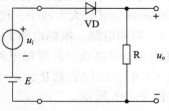

图2—6　简单电子开关原理电路

单元
2

$u_o = u_i$。可见，只要简单改变直流电压 E 的大小，就可以很方便地实现对交流信号的开关控制。

2）整流电路。将交流电压转换成直流电压称为整流。普通二极管也可以应用于整流电路，如图 2—7 所示为简单整流电路。图 2—7 中 u_i 为交流电压，其幅度一般较大，为几伏以上。

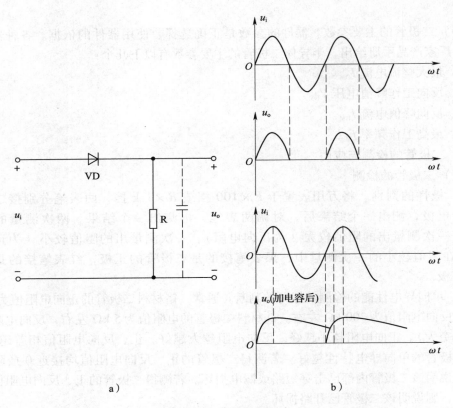

图 2—7　简单整流电路
a）电路图　b）波形图

当输入电压 $u_i > 0$ 时，二极管导通，$u_o = u_i$；当 $u_i < 0$ 时，二极管截止，$u_o = 0$，从而可以得到该电路的输入、输出电压波形，如图 2—7b 所示。显然，该整流电路可以将双向交流电变为单向脉动交流电。通常在输出端并接电容以滤除交流分量，从而使输出电压中的脉动成分大大减小，比较接近于直流电。

3）限幅电路。限幅电路的作用是把输出信号幅度限定在一定的范围内，分为上限幅、下限幅以及双向限幅电路。简单上限幅电路如图 2—8a 所示。假设 $0 < E < U_m$，当 $u_i < E$ 时，二极管截止，$u_o = u_i$；当 $u_i > E$ 时，二极管导通，$u_o = E$。其输入输出波形如图 2—8b 所示。

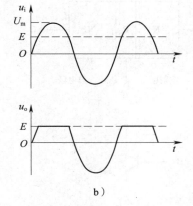

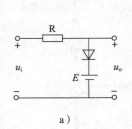

图 2—8　上限幅电路
a）电路图　b）波形图

可见，该电路将输出电压的上限电平限定在某一固定值 E 上，所以称为上限幅电路。

特别提示

如将图 2—8 中二极管的极性对调，则可得到将输出信号下限电平限定在某一数值上的下限幅电路。能同时实现上、下电平限制的称为双向限幅电路。

单元
2

二、半导体三极管

1. 双极型三极管

晶体三极管中有两种带有不同极性电荷的载流子参与导电，因此，也称为双极型晶体管，简称晶体管或三极管。

（1）三极管的结构、符号、分类

1）结构、符号。三极管有三个区——发射区、基区、集电区；三根电极——发射极 E、基极 B、集电极 C；两个结——发射结 J_e、集电结 J_c。其结构及相应的符号如图 2—9 所示。

结构特点：发射区重掺杂；基区很薄；集电区轻掺杂且集电结面积大。这是三极管具有放大作用的内部物质基础。

2）分类。三极管按结构不同可分为 NPN 型和 PNP 型；按材料不同可分为硅管和锗管；按照工作频率可分为高频管、低频管等；按照功率，可分为大、中、小功率管等。其封装形式有金属封装、玻璃封装和塑料封装等。

（2）三极管的放大作用和电流分配关系

1）直流偏置条件——J_e 正偏、J_c 反偏。这是三极管实现放大所需要的外部条件。

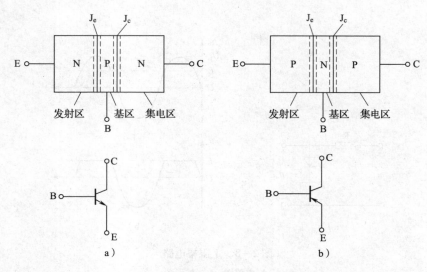

图 2—9　三极管的结构及符号

a）NPN 型三极管　b）PNP 型三极管

2）直流电流分配关系

$$\begin{cases} I_E = I_C + I_B \\ I_C = \bar{\beta} I_B + I_{CEO} \\ I_{CEO} = （1 + \bar{\beta}）I_{CBO} \end{cases}$$

（3）三极管的特性曲线。三极管的特性曲线是用来表示各个电极间电压和电流之间的相互关系的，它反映出三极管的性能，是分析放大电路的重要依据。

1）输入特性曲线。三极管的输入特性曲线表示了 V_{CE} 为参考变量时，I_B 和 V_{BE} 的关系，即：

$$I_B = f（V_{BE}）\Big|_{V_{CE} = 常数}$$

三极管输入特性曲线如图 2—10 所示。

2）输出特性曲线。三极管的输出特性曲线表示以 I_B 为参考变量时，I_C 和 V_{CE} 的关系，即：

$$I_C = f（V_{CE}）\Big|_{I_B = 常数}$$

三极管的输出特性曲线如图 2—11 所示。

当 I_B 改变时，可得一组曲线族，由图 2—11 可见，输出特性曲线可分放大、截止和饱和三个区域。

①截止区：$I_B = 0$ 的特性曲线以下区域称为截止区。工作在截止区时，三极管在电路中犹如一个断开的开关。

②饱和区：特性曲线靠近纵轴的区域是饱和区。在饱和区 I_B 增大，I_C 几乎不再增大，三极管失去放大作用。管子深度饱和时，硅管的 V_{CE} 约为 0.3 V，锗管约为 0.1 V，由于深度饱和时 V_{CE} 约等于 0，三极管在电路中犹如一个闭合的开关。

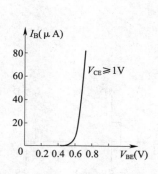

图 2—10　三极管输入特性曲线

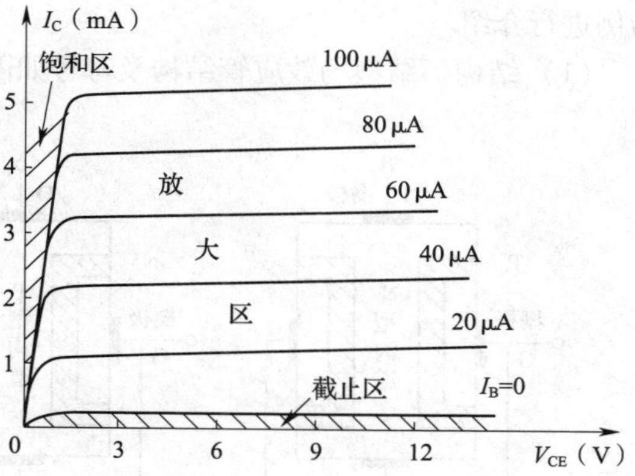

图 2—11　三极管的输出特性曲线

③放大区：特性曲线近似水平直线的区域为放大区。在放大区放大倍数 β 约等于常数。由于 I_C 只受 I_B 的控制，几乎与 V_{CE} 的大小无关，因此，三极管可看作受基极电流控制的受控恒流源。

（4）三极管的主要参数。三极管的参数是用来表示三极管的各种性能的指标，是评价三极管的优劣和选用三极管的依据，也是计算和调整三极管电路时必不可少的根据。主要参数有以下几个。

1）电流放大系数

①共射直流电流放大系数 $\overline{\beta}$：

$$\overline{\beta} = \frac{I_C - I_{CEO}}{I_B} \approx \frac{I_C}{I_B}$$

②共射交流电流放大系数 β：

$$\beta = \frac{\Delta I_C}{\Delta I_B}\bigg|_{V_{CE} = 常数}$$

2）极间电流

①集电极反向饱和电流 I_{CBO}。

②穿透电流 I_{CEO}。

3）极限参数。三极管的极限参数规定了使用时不许超过的限度。主要极限参数如下：

①集电极最大允许耗散功率 P_{CM}。

②反向击穿电压 $V_{(BR)CEO}$。

③集电极最大允许电流 I_{CM}。

4）频率参数

①共射截止频率 f_{β}。

②特征频率。

2. 单极性三极管

场效应管仅依靠一种极性的载流子导电，所以又称为单极性三极管。场效应管分为结型场效应管（JFET）和绝缘栅场效应管（又称为 MOS 管）。本节仅以结型场效应管为例进行介绍。

（1）结构。结型场效应管结构及符号如图2—12所示。

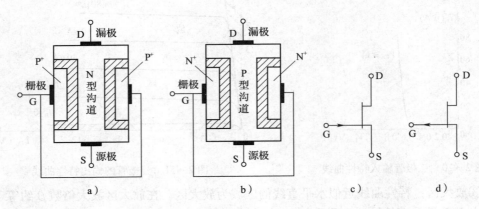

图2—12 结型场效应管结构及符号

a）N型沟道 b）P型沟道 c）N型沟道 d）P型沟道

结型场效应管有两种结构形式：N型沟道结型场效应管和P型沟道结型场效应管。以N沟道为例。在一块N型硅半导体材料的两边，利用合金法、扩散法或其他工艺做成高浓度的 P^+ 型区，使之形成两个PN结，然后将两边的 P^+ 型区连在一起，引出一个电极，称为栅极G。在N型半导体两端各引出一个电极，分别作为源极S和漏极D。夹在两个PN结中间的N型区是源极与漏极之间的电流通道，称为导电沟道。由于N型半导体多数载流子是电子，故此沟道称为N型沟道。同理，P型沟道结型场效应管中，沟道是P型区，称为P型沟道，栅极与N型区相连。在图2—12中，箭头方向可理解为两个PN结的正向导电方向。

（2）特性曲线

1）输出特性曲线。以 U_{GS} 为参变量时，漏极电流 I_D 与漏、源电压 U_{DS} 之间的关系称为输出特性，即：

$$I_D = f\left(U_{DS}\right)\bigg|_{U_{GS}=常数}$$

N型沟道结型场效应管输出特性如图2—13所示。

根据工作情况，输出特性可划分为四个区域。

①可变电阻区。可变电阻区位于输出特性曲线的起始部分，此区的特点：固定 U_{GS} 时，I_D 随 U_{DS} 增大而线性上升，相当于线性电阻；改变 U_{GS} 时，特性曲线的斜率变化，相当于电阻的阻值不同，U_{GS} 增大，相应的电阻增大。

②恒流区。该区的特点：I_D 基本不随 U_{DS} 而变化，仅取决于 U_{GS} 的值，输出特性曲线趋于水平，故称为恒流区或饱和区。

③击穿区。位于特性曲线的最右部分，当 U_{DS} 升高到一定程度时，反向偏置的PN结被击穿，I_D 将突然增大。U_{GS} 负值越大时，达到雪崩击穿所需的 U_{DS} 电压越小。当 $U_{GS}=0$ 时，其击穿电压用 BU_{DSS} 表示。

④截止区。当 $|U_{GS}| \geqslant |U_P|$ 时，管子的导电沟道处于完全夹断状态，$I_D = 0$，场效应管截止。

2）转移特性曲线。当漏、源之间电压 U_{DS} 保持不变时，漏极电流 I_D 和栅、源之间电压 U_{GS} 的关系称为转移特性，即：

$$I_D = f\left(U_{GS}\right)\bigg|_{U_{DS}=常数}$$

N 型沟道结型场效应管转移特性曲线如图 2—14 所示。

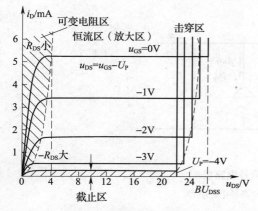

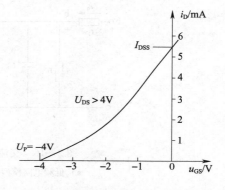

图 2—13 N 型沟道结型场效应管输出特性　　图 2—14 N 型沟道结型场效应管转移特性曲线

由图 2—14 可见：

$U_{GS} = 0$ 时，$I_D = I_{DSS}$，漏极电流最大，称为饱和漏极电流 I_{DSS}。

$|U_{GS}|$ 增大，I_D 减小，当 $U_{GS} = -U_p$ 时，$I_D = 0$。U_p 称为夹断电压。

结型场效应管的转移特性在 $U_{GS} = 0 \sim U_p$ 范围内可用下面近似公式表示：

$$I_D = I_{DSS}\left(1 - \frac{U_{GS}}{U_P}\right)^2$$

3．三极管电路的基本分析方法

（1）直流简化电路模型。直流简化电路模型如图 2—15 所示。

$V_{BE(on)}$ 称为发射结导通电压。

$$V_{BE(on)} = \begin{cases} 0.7\ V\ （硅管） \\ 0.2 \sim 0.3\ V\ （锗管） \end{cases}$$

（2）交流小信号电路模型。交流小信号电路模型如图 2—16 所示。

由图 2—16 可见：

$$r_{b'e} = (1+\beta)\frac{V_T}{I_{EQ}}$$

$$\beta = g_m r_{b'e}$$

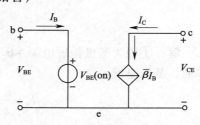

图 2—15 直流简化电路模型

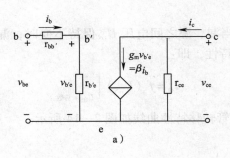

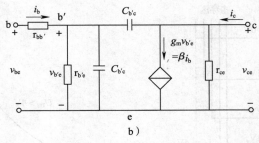

图 2—16　交流小信号电路模型

a）低频电路模型　b）高频电路模型

$$g_m \approx I_{CQ}/V_T$$
$$r_{ce} = |V_A|/I_{CQ}$$

$r_{bb'}$ 为基区体电阻，其值较小，约几十欧姆，常忽略不计。

例 2—1　如图 2—17 所示的电路中，晶体管均为硅管，$\beta = 30$，试分析各晶体管的工作状态。

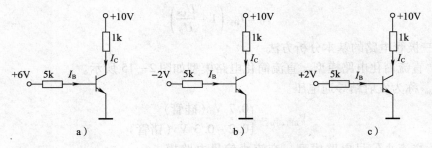

图 2—17　例 2—1 配图

解：①因为基极偏置电源 +6 V 大于管子的导通电压，故管子的发射结正偏，管子导通，基极电流：

$$I_B = \frac{6 - 0.7}{5} = \frac{5.3}{5} = 1.06 \text{（mA）}$$

$$I_C = \beta I_B = 30 \times 1.06 = 31.8 \text{（mA）}$$

$$临界饱和电流：I_{CS} = \frac{10 - V_{CES}}{1} = 10 - 0.3 = 9.7（mA）$$

因为 $I_C > I_{CS}$，所以管子工作在饱和区。

②因为基极偏置电源 $-2\ V$ 小于管子的导通电压，管子的发射结反偏，管子截止，所以管子工作在截止区。

③因为基极偏置电源 $+2\ V$ 大于管子的导通电压，故管子的发射结正偏，管子导通基极电流：

$$I_B = \frac{2 - 0.7}{5} = \frac{1.3}{5} = 2.06（mA）$$

$$I_C = \beta I_B = 30 \times 0.26 = 7.8（mA）$$

$$临界饱和电流：I_{CS} = \frac{10 - V_{CES}}{1} = 10 - 0.3 = 9.7（mA）$$

因为 $I_C < I_{CS}$，所以管子工作在放大区。

4．三极管的检测与应用

（1）三极管的检测

1）检测判别电极

①判定基极 b。用万用表 $R \times 100$ 或 $R \times 1\ k$ 挡测量三极管三个电极中每两个极之间的正、反向电阻值。当用第一根表笔接某一电极，而第二根表笔先后接触另外两个电极均测得低阻值时，则第一根表笔所接的那个电极即为基极 b。这时，要注意万用表表笔的极性，如果红表笔接的是基极 b，黑表笔分别接在其他两极时，测得的阻值都较小，则可判定被测三极管为 PNP 型管；如果黑表笔接的是基极 b，红表笔分别接触其他两极时，测得的阻值较小，则被测三极管为 NPN 型管。

②判定集电极 c 和发射极 e。（以 PNP 为例）将万用表置于 $R \times 100$ 或 $R \times 1\ k$ 挡，红表笔接基极 b，用黑表笔分别接触另外两个管脚时，所测得的两个电阻值会是一个大一些，一个小一些。在阻值小的一次测量中，黑表笔所接管脚为集电极 c；在阻值较大的一次测量中，黑表笔所接管脚为发射极 e。

2）判断性能好坏

①测量极间电阻。将万用表置于 $R \times 100$ 或 $R \times 1\ k$ 挡，按照红、黑表笔的六种不同接法进行测试。其中，发射结和集电结的正向电阻值比较低，其他四种接法测得的电阻值都很高，约为几百千欧至无穷大。

②测三极管的穿透电流。通过用万用表电阻挡直接测量三极管 e—c 极之间电阻的方法，可间接估计 I_{CEO} 的大小，具体方法如下：

万用表电阻的量程一般选用 $R \times 100$ 或 $R \times 1\ k$ 挡，对于 PNP 管，黑表管接 e 极，红表笔接 c 极，对于 NPN 型三极管，黑表笔接 c 极，红表笔接 e 极。要求测得的电阻越大越好。如果阻值很小或测试时万用表指针来回晃动，则表明 I_{CEO} 很大，管子的性能不稳定。

③测量放大能力（β）。目前有些型号的万用表具有测量三极管 h_{FE} 的刻度线及其测试插座，可以很方便地测量三极管的放大倍数。先将万用表量程开关拨到 h_{FE} 位置，把

单元
2

被测三极管插入测试插座，即可从 h_{FE} 刻度线上读出管子的放大倍数。

（2）三极管开关的应用——非门。如图 2—18 所示为三极管非门电路及其图形符号。三极管 T 的工作状态或从截止转为饱和，或从饱和转为截止。非门电路只有一个输入端 A。F 为输出端。当输入端 A 为高电平 1，即 $V_A = 3\ V$ 时，三极管 T 饱和，使集电极输出的电位 $V_F = 0\ V$，即输出端 F 为低电平 0；当输入端 A 为低电平 0 时，晶体管 T 截止，使集电极输出的电位 $V_F = V_{CC}$，即输出端 F 为高电平 1。可见非门电路的输出与输入状态相反，所以非门电路也称为反相器。图 2—18 中加负电源 V_{BB} 是为了使晶体管可靠截止。

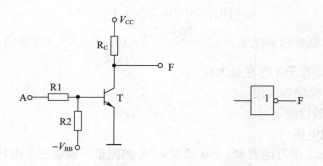

图 2—18　三极管非门

单元 2

第 2 节　基本放大电路

→ 1. 掌握基本放大电路的结构和工作原理
→ 2. 掌握基本放大电路的调测和分析计算方法

一、放大电路基本知识

1. 放大电路的组成

无论何种类型的放大电路，均由三大部分组成，如图 2—19 所示。第一部分是具有放大作用的半导体器件，如三极管、场效应管，它是整个电路的核心。第二部分是直流偏置电路，其作用是保证半导体器件工作在放大状态。第三部分是耦合电路，其作用是将输入信号源和输出负载分别连接到放大管的输入端和输出端。

2. 放大电路的主要性能指标

（1）输入和输出电阻。输入电阻 R_i 是从放大器输入端口视入的等效电阻，它定义为放大器输入电压 V_i 和输入电流 I_i 的比值，即：

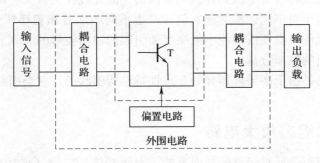

图 2—19 放大电路组成框图

$$R_i = \frac{V_i}{I_i}$$

R_i 与网络参数、负载电阻 R_L 有关，表征了放大器对信号源的负载特性。

输出电阻 R_o 是表征放大器带负载能力的一个重要参数。它定义为输入信号电压源 V_s 短路或电流源 i_s 开路并断开负载时，从放大器输出端口视入的一个等效电阻，即：

$$R_o = \frac{V_2}{I_2} \bigg|_{\substack{R_L = \infty \\ V_s = 0}}$$

（2）放大倍数或增益。它表示输出信号的变化量与输入信号的变化量之比，用来衡量放大器的放大能力。根据需要处理的输入和输出电量的不同，有四种不同的增益定义。

1）电压增益 A_v：

$$A_v = \frac{V_o}{V_i}$$

2）电流增益 A_i：

$$A_i = \frac{I_o}{I_i}$$

3）互阻增益 A_r：

$$A_r = \frac{V_o}{I_i}$$

4）互导增益 A_g：

$$A_g = \frac{I_o}{V_i}$$

（3）失真

失真是评价放大器放大信号质量的重要指标，常分为线性失真和非线性失真两大类。

単 元
2

由于放大器是一种含有电抗元件的动态网络，因此线性失真又有频率失真和瞬变失真之分。前者是由于对不同频率的输入信号产生不同的增益和相移所引起的信号失真；后者是由于电抗元件对电压或电流不能突变而引起的输出波形的失真。线性失真不会在输出信号中产生新的频率分量。

非线性失真则是由于半导体器件的非线性特性所引起的。它会引起输出信号中产生新的频率分量。

二、三种基本组态放大电路

放大电路的组态是针对交流信号而言的。对于晶体三极管（或场效应管）放大器，观察输入信号作用在哪个电极，输出信号又从哪个电极取出，除此之外的另一个电极即为组态形式。例如，若输入信号加在晶体三极管基极，输出信号从集电极取出，则该电路为共发射极组态电路。BJT 放大电路的三种基本组态为共发射极、共集电极和共基极。

1. 共发射极放大电路

（1）共发射极放大电路的组成及各元件的作用。如图 2—20a 所示为共发射极交流基本放大电路，输入端接低频交流电压信号，输出端接负载电阻 R_L（可能是小功率的扬声器，微型继电器或者接下一级放大电路等），输出电压用 V_o 表示。电路中各元件作用如下：

①集电极电源 V_{CC} 是放大电路的能源，为输出信号提供能量，并保证发射结处于正向偏置、集电结处于反向偏置，使晶体管工作在放大区。V_{CC} 取值一般为几伏到几十伏。

②晶体管 T 是放大电路的核心元件。利用晶体管在放大区的电流控制作用，即 $i_c = \beta i_b$ 的电流放大作用，将微弱的电信号进行放大。

③集电极电阻 R_C 是晶体管的集电极负载电阻，它将集电极电流的变化转换为电压的变化，实现电路的电压放大作用。R_C 一般为几千到几十千欧。

④基极电阻 R_B 以保证工作在放大状态。改变 R_B 使晶体管有合适的静态工作点。R_B 一般取几十千欧到几百千欧。

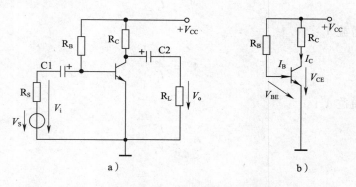

图 2—20 共发射极放大电路及直流通路

a）共发射极放大电路 b）直流通路

⑤耦合电容 C1、C2 起隔直流通交流的作用。在信号频率范围内，认为容抗近似为零。所以分析电路时，在直流通路中电容视为开路，在交流通路中电容视为短路。C1、C2 一般为十几微法到几十微法的有极性的电解电容。

（2）静态分析。放大电路未接入 V_i 前称为静态。动态则指加入 V_i 后的工作状态。静态分析就是确定静态值，即直流电量，由电路中的 I_B、I_C 和 V_{CE} 一组数据来表示。这组数据是晶体管输入、输出特性曲线上的某个工作点，习惯上称静态工作点，用 Q（I_B、I_C、V_{CE}）表示。静态工作点可由两种方法来确定。

1）由放大电路的直流通路确定静态工作点。将耦合电容 C1、C2 视为开路，画出如图 2—20b 所示的共发射极放大电路的直流通路，由电路得：

$$\begin{cases} I_B = \dfrac{V_{CC} - V_{BE}}{R_B} \approx \dfrac{V_{CC}}{R_B} \\ I_C = \beta I_B \\ V_{CE} = V_{CC} - I_C R_C \end{cases}$$

用上式可以近似估算此放大电路的静态工作点。晶体管导通后硅管 V_{BE} 的大小在 0.6~0.7 V 之间（锗管 V_{BE} 的大小在 0.2~0.3 V 之间）。而当 V_{CC} 较大时，V_{BE} 可以忽略不计。

2）用图解法求静态工作点 Q

①用输入特性曲线确定 I_{BQ} 和 V_{BEQ}。根据图 2—20b 中的输入回路，可列出输入回路电压方程：

$$V_{CC} = I_B R_B + V_{BE}$$

同时 V_{BE} 和 I_B 还符合晶体管输入特性曲线所描述的关系，输入特性曲线用函数式表示为：

$$I_B = f(V_{BE}) \Big|_{V_{CE}=常数}$$

用作图的方法在输入特性曲线所在的 V_{BE}—I_B 平面上做出对应的直线，那么求得两线的交点就是静态工作点 Q，如图 2—21a 所示，Q 点的坐标就是静态时的基极电流 I_{BQ} 和基—射极间电压 V_{BEQ}。

②用输出特性曲线确定 I_{CQ} 和 V_{CEQ}。由图 2—20b 电路中的输出回路以及晶体管的输出特性曲线，可以写出下面两式：

$$V_{CC} = I_C R_C + V_{CE}$$
$$I_C = f(V_{CE}) \Big|_{I_B=常数}$$

晶体管的输出特性可通过已选定的管子型号在手册上查找，或从图示仪上描绘，而式 $V_{CC} = I_C R_C + V_{CE}$ 为一直线方程，其斜率为 $\tan\alpha = -1/R_C$，在横轴的截距为 V_{CC}，在纵轴的截距为 V_{CC}/R_C。这一直线很容易在图 2—21b 上做出。因为它是直流通路得出的，且与集电极负载电阻有关，故称为直流负载线。由于已确定了 I_{BQ} 的值，因此，直流负

载线与 $I_B = I_{BQ}$ 所对应的那条输出特性曲线的交点就是静态工作点 Q。如图 2—21b 所示，Q 点的坐标就是静态时晶体管的集电极电流 I_{CQ} 和集一射极间电压 V_{CEQ}。

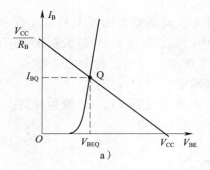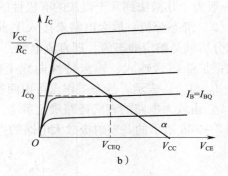

图 2—21　图解法求静态工作点

（3）动态分析。静态工作点确定以后，放大电路在输入电压信号 V_i 的作用下，若晶体管能始终工作在特性曲线的放大区，则放大电路输出端就能获得基本上不失真的放大的输出电压信号。微变等效电路法和图解法是动态分析的基本方法。下面仅讨论微变等效电路法。

共射放大电路的交流通路及微变等效电路如图 2—22 所示。

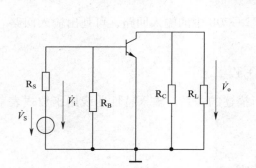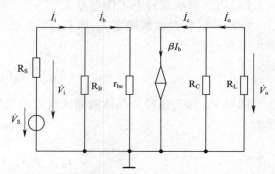

图 2—22　共射放大电路的交流通路及微变等效电路

a）交流通路　b）微变等效电路

所谓晶体管的微变等效电路就是晶体管在小信号（微变量）的情况下工作在特性曲线直线段时，将晶体管（非线性元件）用一个线性电路代替。图 2—22a 是共射放大电路的交流通路。C1、C2 的容抗对交流信号而言可忽略不计，在交流通路中视作短路，直流电源 V_{CC} 为恒压源，两端无交流压降，也可视作短路。据此做出图 2—20a 所示的交流通路。将交流通路中的晶体管用微变等效电路来取代，可得如图 2—22b 所示的共射放大电路的微变等效电路。

1）动态性能指标的计算

①电压放大倍数 A_V。电压放大倍数是小信号电压放大电路的主要技术指标。设输入为正弦信号，由图 2—22b 可列出：

$$\dot{V}_o = -\beta \dot{I}_b (R_C /\!/ R_L)$$

$$\dot{V}_i = \dot{I}_b r_{be}$$

$$A_V = \frac{\dot{V}_o}{\dot{V}_i} = \frac{-\beta \dot{I}_b (R_C // R_L)}{\dot{I}_b r_{be}} = -\beta \frac{R'_L}{r_{be}}$$

其中，$R'_L = R_C // R_L$；A_v 为复数，它反映了输出与输入电压之间大小和相位的关系。

当放大电路输出端开路（未接负载电阻 R_L）时，可得空载时的电压放大倍数（A_{Vo}）：

$$A_{Vo} = -\beta \frac{R_C}{r_{be}}$$

输出电压 V_o 输入信号源电压 V_S 之比称为源电压放大倍数（A_{VS}），则：

$$A_{VS} = \frac{V_o}{V_S} = \frac{V_o V_i}{V_i V_S} = A_V \frac{r_i}{R_S + r_i} \approx \frac{-\beta R'_L}{R_S + r_{be}}$$

②放大电路的输入电阻 r_i：

$$r_i = \frac{V_i}{I_i}$$

共射放大电路的输入电阻可由如图 2—23 所示的等效电路计算得出。由图 2—23 可知：

$$\dot{I}_i = \frac{\dot{V}_i}{R_B} + \frac{\dot{V}_i}{r_{be}} \qquad r_i = \frac{\dot{V}_i}{\dot{I}_i} = R_B // r_{be} \approx r_{be}$$

③输出电阻 r_o：

$$r_o = \frac{V'_o}{I'_o} \bigg|_{V_S = 0}$$

图 2—20 共射放大电路的输出电阻可由如图 2—24 所示的等效电路计算得出。由图可知，当 $V_S = 0$ 时，$I_b = 0$，$\beta I_b = 0$，而在输出端加一信号 V'_o，产生的电流 I'_o 就是电阻 R_C 中的电流，取电压与电流之比为输出电阻：

$$r_o = \frac{\dot{V}'_o}{\dot{I}'_0} \bigg|_{\dot{V}_S = 0, R_L = \infty} = R_C$$

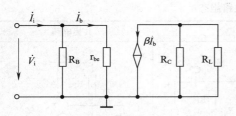
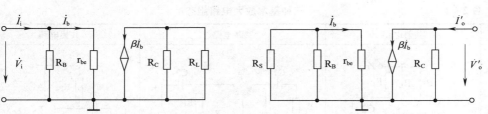

图 2—23　放大电路的输入电阻　　　　图 2—24　放大电路的输出电阻

计算输出电阻的另一种方法是假设放大电路负载开路（空载）时输出电压为 V'_o，接上负载后输出端电压为 V_o，则：

$$V_o = \frac{R_L}{r_o + R_L} V'_o \qquad r_o = \left(\frac{V'_o}{V_o} - 1\right) R_L$$

单元
2

由此可见，输出电阻越小，负载得到的输出电压越接近于输出信号，或者说输出电阻越小，负载大小变化对输出电压的影响越小，带载能力就越强。

例2—2 图2—20a所示的共射放大电路，已知 $V_{CC} = 12$ V，$R_B = 300$ kΩ，$R_C = 4$ kΩ，$R_L = 4$ kΩ，$R_S = 100$ Ω，晶体管的 $\beta = 40$。求：①估算静态工作点；②计算电压放大倍数；③计算输入电阻和输出电阻。

解：①估算静态工作点：

$$I_B \approx \frac{V_{CC}}{R_B} = \frac{12}{300} = 40 \ (\mu A)$$

$$I_C = \beta I_B = 40 \times 40 = 1.6 \ (mA)$$

$$V_{CE} = V_{CC} - I_C R_C = 12 - 1.6 \times 4 = 5.6 \ (V)$$

②计算电压放大倍数：

首先画出如图2—22a所示的交流通路，然后画如图2—22b所示的微变等效电路，可得：

$$r_{be} = 300 + (1+\beta)\frac{26}{I_E} = 300 + 41 \times \frac{26}{1.6} = 0.966 \ (k\Omega)$$

$$\dot{V}_o = -\beta \dot{I}_b \ (R_C /\!/ R_L)$$

$$\dot{V}_i = \dot{I}_b r_{be}$$

$$A_v = \frac{\dot{V}_o}{\dot{V}_i} = \frac{-\beta \dot{I}_b \ (R_C /\!/ R_L)}{\dot{I}_b r_{be}} = -40 \times \frac{2}{0.966} = -82.8$$

③计算输入电阻和输出电阻：

$$r_i = \frac{V_i}{I_i} = R_B /\!/ r_{be} \approx 0.966 \ (k\Omega)$$

$$r_o = R_C = 4 \ (k\Omega)$$

2. 共基放大电路与共集放大电路

除了共射放大电路外，还有共基电路和共集电路两种基本放大电路组态。电路分析方法与共射放大电路分析方法相同，具体电路结构及性能参数见表2—1。

表2—1　　　　　　　　　　　　　三种基本放大电路组态

共射电路	共基电路	共集电路
$-\dfrac{\beta R'_L}{r_{be}}$ （大）	$\dfrac{\beta R'_L}{r_{be}}$ （大）	$\dfrac{(1+\beta) R'_L}{r_{be} + (1+\beta) R'_L} \approx 1$

单元 **2**

续表

	共射电路	共基电路	共集电路
R_i	$R_{B1} /\!/ R_{B2} /\!/ r_{be}$（中）	$R_E /\!/ \dfrac{r_{be}}{1+\beta}$（小）	$R_{B1} /\!/ R_{B2} /\!/ [r_{be} + (1+\beta) R_L']$（大）
R_o	R_C（中）（考虑 r_{ce}）	R_C（大）（考虑 r_{ce}）	$R_E /\!/ \dfrac{r_{be} + R_{B1} /\!/ R_{B2} /\!/ R_s}{1+\beta}$（小）
A_{in}	β（大）	$-\alpha \approx -1$	$-(1+\beta)$（大）
特点	输入、输出反相 既有电压放大作用 又有电流放大作用	输入、输出同相 有电压放大作用 无电流放大作用	输入、输出同相 有电流放大作用 无电压放大作用
应用	作多级放大器的 中间级，提供增益	作电流接续器 构成组合放大电路	作多级放大器的输 入级、中间级、隔离级

三、放大电路的调整与测试

1. 放大电路调整与测试的基本方法

放大器的基本任务是不失真地放大信号，实现输入变化量对输出变化量的控制作用。要使放大器正常工作，除要保证放大电路正常工作的电压外，还要有合适的静态工作点。调整放大电路的静态工作点一般有两种方法。在如图 2—25 所示的共射放大电路调试电路图中：

（1）将放大电路的输入端短路（即 $u_i = 0$），让其工作在直流状态，用直流电压表测量三极管 c、e 间的电压，调整电位器 R_P，使 U_{CE} 稍小于电源电压的 1/2，这表明放大电路的静态工作点基本上已设置在放大区，然后再测量 b 极对地的电位并记录，根据测量值计算静态工作点值，以确保三极管工作在导通状态。

单元
2

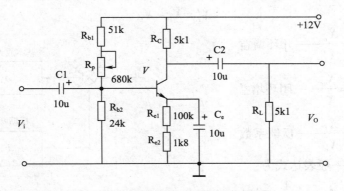

图 2—25　共射放大电路调试电路图

（2）放大电路接通直流电源，并在输入端加上正弦信号（幅度约为 10 mV，频率约为 1 kHz），使其工作在交直流状态，用示波器监视输出电压波形，调整基极电阻 R_P，使输出信号波形不失真，并在输入信号增大时，输出波形同时出现截止失真和饱和失真。这表明电路的静态工作点处于放大区的最佳位置。撤去输入正弦信号（即令 $u_i=0$），使电路工作在直流状态，用直流电压表测量三极管三个极对地的电压 U_B、U_E、U_C，即可计算出放大器的直流工作点 I_{CQ}、U_{CEQ}、U_{BEQ}的大小。

2. 单管共发射极放大电路的测试

（1）装接电路

按图 2—25 连接线路（注意接线前先测量 +12 V 电源，关断电源后再接线），将 R_P调到电阻最大位置。接线后仔细检查，确认无误后接通电源。

（2）静态调整

调整 R_P，使 $V_E=2.2$ V。

（3）动态测试

1）调节信号发生器使其频率为 1 kHz，电压为 5～30 mV，接到放大器输入端，用双踪示波器观察 V_i、V_o的波形，并比较它们的相位。

2）保持输入信号频率不变，逐渐加大幅度，观察 V_o不失真时的最大值。

（4）测量输入电阻 R_i和输出电阻 R_O

1）在输入端串联一个 5.1 kΩ 的电阻 R_S，测量 V_i、V_S即可计算 R_i。

2）在输出端接入可调电阻作为负载，选择合适的 R_L值使放大器输出不失真，测量有负载时的 V_L和空载时的 V_o即可计算 R_O。

单元 2

四、反馈放大电路的组成及基本关系方式

1. 反馈放大电路的组成及基本关系式

反馈放大电路方框图如图 2—26 所示。

在电子电路中，将输出量 X_o（V_o或 I_o）的一部分或全部，通过一定网络（称为反馈网络），以一定方式（与输入信号串联或并联）返送到输入回路，来影响电路性能的技术称为反馈。反馈放大电路由基本放大电路、反馈网络和比较环节组成。

$$\dot{X}_i'=\dot{X}_i-\dot{X}_f$$

$$\dot{A}=\frac{\dot{X}_o}{\dot{X}_i'}\text{——开环增益}$$

$$\dot{A}_f=\frac{\dot{X}_o}{\dot{X}_i}\text{——闭环增益}$$

$$\dot{F}=\frac{\dot{X}_f}{\dot{X}_o}\text{——反馈系数}$$

反馈放大电路的一般表达式为：

$$\dot{A}_f=\frac{\dot{A}}{1+\dot{A}\dot{F}}$$

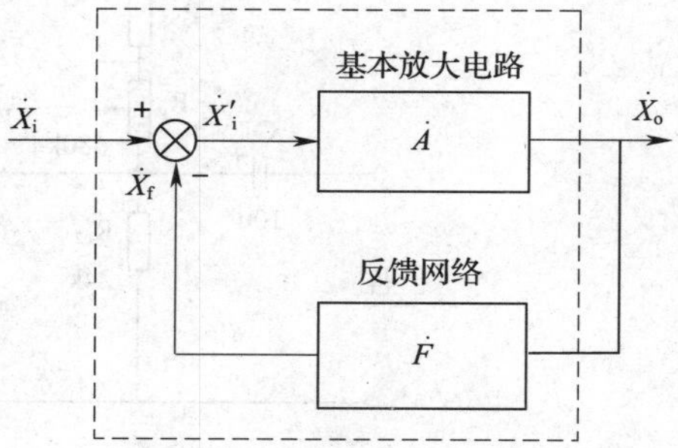

图 2—26 反馈放大电路方框图

2. 反馈放大电路的基本类型

（1）反馈的分类与判别方法

1）直流反馈和交流反馈

直流反馈：影响电路直流（静态）性能的反馈。

交流反馈：影响电路交流（动态）性能的反馈。

判别方法：画电路的直流通路和交流通路判断。若反馈仅存在于直流通路，则为直流反馈；若反馈仅存在于交流通路，则为交流反馈；若反馈既存在于直流通路，又存在于交流通路，则为交、直流并存的反馈。

2）电压反馈和电流反馈

电压反馈：反馈信号取自输出电压，与输出电压成正比。

电流反馈：反馈信号取自输出电流，与输出电流成正比。

判别方法：

①负载短路法：令输出电压为零，若反馈信号消失，则为电压反馈；若反馈信号依然存在，则为电流反馈。

②结构判断法：除公共地线外，若输出线与反馈线接在同一点上，则为电压反馈；若输出线与反馈线接在不同点上，则为电流反馈。

3）串联反馈和并联反馈

串联反馈：反馈信号与外加输入信号以电压的形式相叠加（比较），即反馈信号与外加输入信号二者相互串联。

并联反馈：反馈信号与外加输入信号以电流的形式相叠加（比较），即两种信号在输入回路并联。

判别方法：

①反馈节点短路法：令反馈电压为零，若输入信号仍能送入开环放大器中，则为串联反馈；若输入信号被短路，则为并联反馈。

②结构判断法：除公共地线外，若反馈信号与输入信号接在同一点上，则为并联反馈；若反馈信号与输入信号接在不同点上，则为串联反馈。

4）正反馈和负反馈

正反馈：经过反馈后，使输入量的变化得到加强，或者从输出量来看，使输出量变化变大。正反馈常用于振荡电路中，在其他电路中的正反馈会使系统工作不稳定，应避免。

负反馈：经过反馈后，使输入量的变化被削弱，或者从输出量来看，使输出量变化变小。负反馈可以改善电路的性能。

判别方法：

瞬时极性法：假设输入信号的变化处于某一瞬时极性（用符号⊕或⊖表示），沿闭环系统，逐步标出放大器各级输入和输出的瞬时极性。之后按以下方法判别正、负反馈。

对串联反馈：若v_i与v_f同极性，为负反馈；若v_i与v_f反极性，为正反馈。

对并联反馈：若i_i与i_f相对于反馈节点同流向，为正反馈；若i_i与i_f相对于反馈节

单元
2

点流向相反，为负反馈。

（2）负反馈放大电路的四种组态。根据反馈网络在输出端采样方式的不同及与输入端连接方式的不同，负反馈放大电路有以下四种组态：电压串联负反馈，电压并联负反馈，电流串联负反馈，电流并联负反馈。四种负反馈组态的框图如图2—27所示。

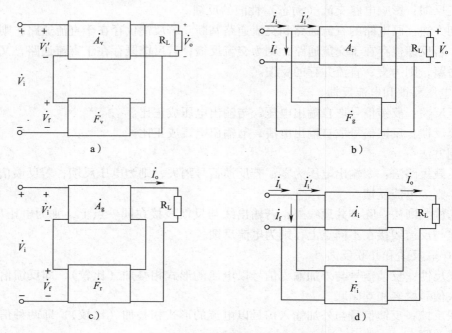

图2—27　四类负反馈的方框图

a）电压串联　b）电压并联　c）电流串联　d）电流并联

第3节　正弦波振荡电路

→ 1. 了解振荡的基本原理
→ 2. 了解常见正弦波振荡电路的工作原理

正弦波振荡电路是用来产生一定频率和幅度的正弦交流信号的电子电路。它的频率范围可以从几赫兹到几百兆赫兹，输出功率可能从几毫瓦到几十千瓦。广泛用于各种电子电路中。在通信、广播系统中，用它来作高频信号源；电子测量仪器中的正弦小信号源，数字系统中的时钟信号源。正弦波振荡电路是利用正反馈原理构成的反馈振荡电路，本章将在反馈放大电路的基础上，先分析振荡电路的自激振荡的条件，然后介绍LC和RC振荡电路。

一、工作原理

在放大电路中，输入端接有信号源后，输出端才有信号输出。如果一个放大电路输入信号为零，输出端有一定频率和幅值的信号输出，这种现象称为放大电路的自激振荡。

1. 振荡产生的基本原理

正反馈放大器的方框图如图2—28所示。如果使反馈信号与净输入信号相等，即 $\dot{X}_f = \dot{X}_i$，那么可以不外加信号 $\dot{X}_s$ 而用反馈信号 $\dot{X}_f$ 取代输入信号 $\dot{X}_s$，仍能确保信号的输出，这时整个电路就成为一个自激振荡电路，自激振荡器的方框图就可以绘成如图2—29所示的形式。

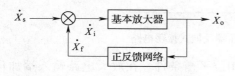

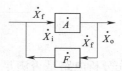

图2—28　正反馈放大电路的方框图　　　　图2—29　自激振荡方框图

2. 振荡的平衡条件和起振条件

由上述分析可知，当 $\dot{A}\dot{F} = 1$ 自激振荡可维持振荡。$\dot{A}\dot{F} = 1$ 即为自激振荡的平衡条件。即：自激振荡的振幅平衡条件为 $|\dot{A}\dot{F}| = AF = 1$；自激振荡的相位平衡条件为 $\varphi_a + \varphi_f = 2n\pi$。

自激振荡的振幅平衡条件是表示振荡电路已经达到稳幅振荡时的情况。但若要求振荡能够自行起振，开始时必须满足 $|\dot{A}\dot{F}| > 1$ 的幅度条件。然后在振荡建立的过程中，随着振幅的增大，由于电路中非线性元件的限制，使 $|\dot{A}\dot{F}|$ 值逐步下降，最后达到 $|\dot{A}\dot{F}| = 1$，此时振荡电路处于稳幅振荡状态，输出电压的幅度达到稳定。即：自激振荡的起振条件为 $|\dot{A}\dot{F}| > 1$。

单元
2

二、LC 振荡电路

LC正弦波振荡电路的构成与RC正弦波振荡电路相似，包括放大电路、正反馈网络、选频网络和稳幅电路。这里的选频网络是由LC并联谐振电路构成，正反馈网络因不同类型的LC正弦波振荡电路而有所不同。

1. 变压器反馈式振荡电路

（1）电路组成。变压器反馈式振荡电路如图2—30所示。图2—30中的正弦波振荡电路由放大、选频和反馈部分等组成。选频网络由LC并联电路组成，反馈由变压器绕组L2来实现。因此，称为变压器反馈式振荡电路。

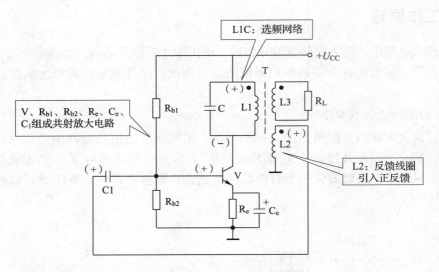

图2—30　变压器反馈式振荡电路

　　首先分析电路是否满足产生振荡的相位平衡条件。在放大电路输入端加信号 $\dot{U}_i$，其频率为 LC 回路的谐振频率，此时放大管的集电极等效负载为一纯电阻，忽略其他电容和分布参数的影响，则集电极电压 $\dot{U}_c$ 与 $\dot{U}_i$ 反相。由于变压器同名端如图2—30所示，所以 L2 绕组又引入180°的相移，即反馈电压 $\dot{U}_f$ 与 $\dot{U}_c$ 反相，因此，$\dot{U}_f$ 与 $\dot{U}_i$ 同相。因此，电路满足相位平衡条件。调整反馈线圈的匝数可以改变反馈信号的强度，以使正反馈的幅度条件得以满足。

　　（2）振荡频率和起振条件。从分析相位平衡条件的过程中清楚地看出，只有在谐振频率 f_0 时，电路才满足振荡条件，所以振荡频率就是 LC 回路的谐振频率，即：

$$f_0 = \frac{1}{2\pi\sqrt{LC}}$$

可以证明，振荡电路的起振条件为 $\beta > \dfrac{r_{be}R'C}{M}$。

　　M 为绕组 N_1 和 N_2 之间的互感，R' 是折合到谐振回路中的等效总损耗电阻。

　　2. 电感三点式振荡电路

　　（1）电路组成。如图2—31所示为电感三点式 LC 振荡电路。电感线圈 L1 和 L2 是一个线圈，②点是中间抽头。如果设某个瞬间集电极电流减小，线圈上的瞬时极性如图2—31所示。反馈到发射极的极性对地为正，图2—31中三极管是共基极接法，所以使发射结的净输入减小，集电极电流减小，符合正反馈的相位条件。

　　分析三点式 LC 振荡电路常用如下方法：将谐振回路的阻抗折算到三极管的各个电极之间，有 Z_{be}、Z_{ce}、Z_{cb}，如图2—32所示。Z_{be} 是 L2、Z_{ce} 是 L1、Z_{cb} 是 C。可以证明若满足相位平衡条件，Z_{be} 和 Z_{ce} 必须同性质，即同为电容或同为电感，且与 Z_{cb} 性质相反。

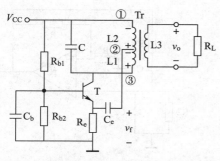 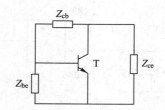

图 2—31 电感三点式 LC 振荡电路   图 2—32 谐振回路的阻抗折算

（2）振荡频率和起振条件

如前所述，当谐振回路的 Q 值很高时，振荡频率基本上等于 LC 回路的谐振频率，即：

$$f_0 = \frac{1}{2\pi\sqrt{LC}} = \frac{1}{2\pi\sqrt{(L_1 + L_2 + 2M)\,C}}$$

式中 L 为回路的总电感，其中 M 为线圈 L_1 与 L_2 之间的互感。

起振条件：$\beta > \dfrac{L_1 + M}{L_2 + M} \cdot \dfrac{r_{be}}{R'}$。

式中 R' 为折合到管子集电极和发射极间的等效并联总损耗电阻。

三、RC 振荡电路

采用 RC 选频网络构成的振荡电路称为 RC 振荡器，它适用于低频振荡，一般用于产生 1 Hz ~ 1 MHz 的低频信号。本节介绍最典型的 RC 桥式正弦波振荡电路。

1. RC 文氏桥振荡电路图

RC 文氏桥振荡电路如图 2—33 所示，RC 串并联网络是正反馈网络，同时也是振荡电路中的选频网络。R3 和 R4 负反馈网络构成了同相比例放大电路。C1、R1 和 C2、R2 正反馈支路与 R3、R4 负反馈支路正好构成一个桥路，称为文氏桥。

2. 振荡频率与起振条件

因为 $\varphi_A = 0$，在 f_0 处满足相位条件：$\varphi_F = 0$，$\varphi_A + \varphi_F = 2n\pi$，所以振荡频率为：

$$f_0 = \frac{1}{2\pi RC}$$

当 $f = f_0$ 时，为满足起振的条件 $|\dot{A}\dot{F}| > 1$，要求电路放大倍数 $|\dot{A}| > 3$。

3. RC 文氏桥振荡电路的稳幅过程

RC 文氏桥振荡电路的稳幅作用是靠热敏电阻 R4 实现的。R4 是正温度系数热敏电阻，当输出电压升高，R4 上所加的电压升高，即温度升高，R4 的阻值增加，负反馈增强，输出幅度下降；反之输出幅度增加。

例 2—3 在如图 2—34 所示的电路中，$R_1 = R_2 = R = 1\ \text{k}\Omega$，$C_1 = C_2 = C = 0.1\ \text{F}$，$R' = 10\ \text{k}\Omega$。试问：①$R_F$ 为多大时才能起振？②振荡频率是多少？

单元
2

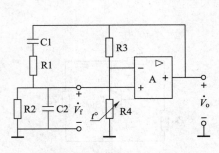 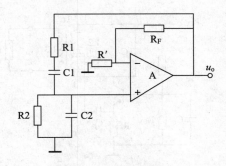

图 2—33 RC 文氏桥振荡电路   图 2—34 例 2—3 配图

解： ①起振条件：$|\dot A \dot f| > 1$，$f = \dfrac{1}{3}$，所以 $|\dot A| > 3$。

②同相比例运算电路的电压放大倍数：

$$A_{uf} = 1 + \frac{R_F}{R'}$$

$$|\dot A| = A_{uf} = 1 + \frac{R_F}{R'} > 3$$

因为 $R_F > 2R' = 2 \times 10 = 20$（$k\Omega$）

所以，振荡频率 $f_0 = \dfrac{1}{2\pi RC} = 1\,592$（Hz）

单元 2

第4节 简单数字电路介绍

→ 1. 了解数字信号，掌握数字信号的基本运算
→ 2. 了解数字电路的基本知识

一、数字信号认知

1. 数字信号概念

（1）模拟信号与数字信号。电子电路中的工作信号可分为两种类型：模拟信号和数字信号。

模拟信号是指在时间上和数值上都是连续变化的电信号，如模拟声音、温度或压力等物理变化的电压信号，如图 2—35a 所示。它们都是连续变化的，而且在它们变化范围内的任何一个数值都是有物理意义的。

数字信号则是一种离散信号，它的变化在时间上和数值上都是不连续的，如电子表的秒信号，产品计数器的计数信号等。它们的变化发生在一系列离散的瞬间，数值大小的增减总是最小数量单位的整数倍。由于用 0 和 1 组成的二值量表示数字信号最为简单，故最常用的数字信号是用电压的高、低分别代表两个离散数值 1 和 0，如图 2—35b 所示。在图 2—35b 中，U_1 称为高电平，U_2 称为低电平。

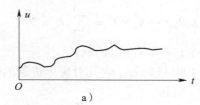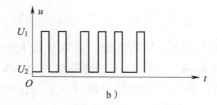

图 2—35　模拟信号和数字信号

a）模拟信号　b）数字信号

根据上述工作信号的不同，电子电路也划分为两大类：用来处理模拟信号的电子电路称为模拟电路；用来处理数字信号的电子电路称为数字电路。

（2）数字电路及其特点。数字电路的工作信号一般都是数字信号。在电路中，它往往表现为突变的电压或电流，并且只有两个可能的状态。所以，数字电路中的半导体管多数工作在开关状态。利用管子导通和截止两种不同的工作状态，代表不同的数字信号，完成信号的传递和处理任务。

因此，数字电路的基本单元电路比较简单，对元件的精度要求也不太严格，适合制作成集成电路，大批量生产。它具有使用方便、可靠性高、价格低廉等优点。

另外，在数字电路中，重点研究的问题是输入信号和输出信号之间的逻辑关系。为了分析这些逻辑关系，需要使用一套新的数字工具，即逻辑代数。往往用真值表、逻辑函数式、卡诺图、特性方程以及状态转换图等方法表示电路功能。

2. 数制及其转换

（1）数的几种常用进制

1）十进制。十进制是人们熟悉的计数体制。它用 0～9 十个数字符号，按照一定的规律排列起来，表示数值的大小。例如：

$$1\ 991 = 1 \times 10^3 + 9 \times 10^2 + 9 \times 10^1 + 1 \times 10^0$$

从这个四位进制数，不难发现十进制数的特点：

①每一位数必须是十个数字符号中的一个。所以它计数的基数为 10。

②同一个数字符号在不同的数位代表的数值不同，各位 1 所表示的值称为该位的权，它是 10 的幂。

③低位数和相邻的高位数之间的进位关系是"逢十进一"。

所以，n 位十进制整数 $[M]_{10}$ 的表达式为

$$[M]_{10} = K_{n-1} \times 10^{n-1} + K_{n-2} \times 10^{n-2} + \cdots + K_1 \times 10^1 + K_0 \times 10^0$$
$$= \sum_{i=0}^{n-1} K_i \times 10^i$$

单元
2

式中 K_i 为第 i 位的系数，它可以取 $0 \sim 9$ 十个数字符号中任意一个；10^i 为第 i 位的权。

2）二进制。二进制是在数字电路中应用最广的计数体制。它只有 0 和 1 两个数字符号，所以计数的基数为 2。各位数的权是 2 的幂，低位和相邻高位之间的进位关系是"逢二进一"。n 位二进制整数 $[M]_2$ 的表达式为：

$$[M]_2 = K_{n-1} \times 2^{n-2} + k_{n-2} \times 2^{n-2} + \cdots + k_1 \times 2^1 + k_0 \times 2^0 = \sum_{i=0}^{n-1} K_i \times 2^i$$

式中 K_i 为 i 位的系数，可取 0 或 1 中任意一个；2^i 为第 i 位的权。

例2—4 一个八位二进制整数为 $[M]_2 = [10011110]_2$，求其对应十进制的数值。

解：将二进制数按权展开，求各位数值之和，可得：

$$[M]_2 = [10011110]_2$$
$$= [1 \times 2^7 + 0 \times 2^6 + 0 \times 2^5 + 1 \times 2^4 + 1 \times 2^3 + 1 \times 2^2 + 1 \times 2^1 + 0 \times 2^0]_{10}$$
$$= [128 + 16 + 8 + 4 + 2]_{10} = [158]_{10}$$

二进制数只有两个数字符号，运算规则简单，在电路上实现起来也比较容易。所以数字系统广泛采用二进制。但是，从上例也可以看到，三位十进制 $[158]_{10}$，至少需要用八位二进制数 $[1001110]_2$ 表示。如果数值再大，位数会更多，人们既难以记忆，又不便于读写。为此，在数字系统中，又常使用八进制和十六进制。

3）八进制和十六进制

①八进制。在八进制数中，有 $0 \sim 7$ 八个数字符号，计数的基数为 8，低位和相邻高位间的关系是"逢八进一"，各位数的权是 8 的幂。n 位八进制整数表达式为：

$$[M]_8 = K_{n-1} \times 8^{n-1} + k_{n-2} \times 8^{n-2} + \cdots + K_1 \times 8^1 + K_0 \times 8^0 = \sum_{i=0}^{n-1} K_i \times 8^i$$

例2—5 求三位八进制数 $[236]_8$ 所对应的十进制数的值。

解：按权展开，求各位数值之和，可得：

$$[236]_8 = [2 \times 8^2 + 3 \times 8^1 + 6 \times 8^0]_{10}$$
$$= [128 + 24 + 6]_{10} = [158]_{10}$$

②十六进制数。在十六进制数中，计数的基数为 16，有十六个不同的数字符号：0，1，2，3，4，5，6，7，8，A，B，C，D，E，F。低位和相邻高位间的关系是"逢十六进一"，各数位的权是 16 的幂。n 位十六进制整数表达式为：

$$[M]_{16} = \sum_{i=0}^{n-1} K_i \times 16^i$$

例2—6 求二位十六进制数 $[9E]_{16}$ 所对应的十进制数的值。

解：$[9E]_{16} = [9 \times 16^1 + 14 \times 16^0]_{10} = [158]_{10}$

几种常用计数进制对照见表2—2。

（2）不同进制数的相互转换。为了简单了解不同进制数间的转换规律，这里主要介绍它们整数的相互转换方法。

1）二进制和其他进制数转换成十进制数。由二进制、八进制和十六进制数的一般表达式可知，只要将它们按权展开，求各位数值之和，即可得到对应的十进制数。

表 2—2　　　　　　　　　　　　几种常用计数进制对照

十进制	二进制				八进制	十六进制
0	0	0	0	0	0	0
1	0	0	0	1	1	1
2	0	0	1	0	2	2
3	0	0	1	1	3	3
4	0	1	0	0	4	4
5	0	1	0	1	5	5
6	0	1	1	0	6	6
7	0	1	1	1	7	7
8	1	0	0	0	10	8
9	1	0	0	1	11	9
10	1	0	1	0	12	A
11	1	0	1	1	13	B
12	1	1	0	0	14	C
13	1	1	0	1	15	D
14	1	1	1	0	16	E
15	1	1	1	1	17	F

例如：

$$[10101001]_2 = 1 \times 2^7 + 1 \times 2^5 + 1 \times 2^3 + 1 \times 2^0$$
$$= 128 + 32 + 8 + 1 = [169]_{10}$$
$$[403]_8 = 4 \times 8^2 + 3 \times 8^0 = 256 + 3 = [259]_{10}$$
$$[C2]_{16} = 12 \times 16^1 + 2 \times 16^0 = [194]_{10}$$

2）十进制数转换成二进制数。从表 2—2 可知，十进制数 $[11]_{10}$ 转换成二进制数为 $[1011]_2$。若用 $b_3 b_2 b_1 b_0$ 表示二进制各位数，则：

$$[11]_{10} = [b_3 b_2 b_1 b_0]_2$$

即：$[11]_{10} = b_3 \times 2^3 + b_2 \times 2^2 + b_1 \times 2^1 + b_0 \times 2^0$

上式两边分别除以 2，因为右式中除去 b_0 项之外都含有 2 的因子，故被整除而得商数，b_0 则为余数，其表达式可写为：

$$[5]_{10} 余 1 = (b_3 \times 2^2 + b_2 \times 2^1 + b_1 \times 2^0) 余 b_0$$

可见 b_0 为 1。若将上式中的商数，再除以 2。可求得

$$[2]_{10} 余 1 = (b_3 \times 2^1 + b_2 \times 2^0) 余 b_1$$

其余数 b_1 为 1。以此类推，两边商再除以 2，可求得：

$$[1]_{10} 余 0 = (b_3 \times 2^0) 余 b_2$$

可见余数为 0，故 b_2 为 0，继续将等式两边的商除以 2，此时商数只能为 0，而余数 1 为最高位的系数 b_3，其表达式为：

$$[0]_{10} 余 1 = (0) 余 b_3$$

由此可知，将十进制整数转换成二进制的方法是连续除以 2，直到商数为 0，每次所得的余数从后向前排列即为转换后的二进制数。这种方法简称"除 2 取余法"。

按此方法，可用竖式除法表示出上述转换过程

$$
\begin{array}{r}
2\,\underline{|\,11} \cdots\cdots \text{余}1 \cdots\cdots b_0 \\
2\,\underline{|\,\ \ 5} \cdots\cdots \text{余}1 \cdots\cdots b_1 \\
2\,\underline{|\,\ \ 2} \cdots\cdots \text{余}0 \cdots\cdots b_2 \\
2\,\underline{|\,\ \ 1} \cdots\cdots \text{余}1 \cdots\cdots b_3 \\
0
\end{array}
$$

所以 $[11]_{10} = [b_3 b_2 b_0]_2 = [1011]_2$

3）十六进制和二进制整数的相互转换。由于十六进制的基数 $16 = 2^4$，所以四位二进制数对应一位十六进制数。按照上述转换步骤，只要将二进制数按四位分组，即可实现它们之间的转换。

例 2—7 试将二进制数 $[10110100111100]_2$ 转换成十六进制数。

解：

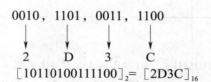

所以 $[10110100111100]_2 = [2D3C]_{16}$

例 2—8 试将十六进制数 $[3AF6]_{16}$ 转换成二进制数。

解：

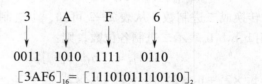

所以 $[3AF6]_{16} = [11101011110110]_2$

二、数字电路的基础知识介绍

用数字信号完成对数字量进行算术运算和逻辑运算的电路称为数字电路，或数字系统。由于它具有逻辑运算和逻辑处理功能，所以又称数字逻辑电路。

数字逻辑电路按功能分可以分为：

1. 组合逻辑电路

组合逻辑电路简称组合电路，它由最基本的逻辑门电路组合而成。组合电路的特点：输出值只与当时的输入值有关，即输出仅由当时的输入值决定。电路没有记忆功能，输出状态随着输入状态的变化而变化，类似于电阻性电路，如加法器、译码器、编码器、数据选择器等都属于此类。

2. 时序逻辑电路

时序逻辑电路简称时序电路，它是由最基本的逻辑门电路加上反馈逻辑回路（输出到输入）或器件组合而成的电路，与组合电路最本质的区别在于时序电路具有记忆功能。时序电路的特点：输出不仅取决于当时的输入值，还与电路过去的状态有关。它类似于含储能元件的电感或电容的电路，如触发器、锁存器、计数器、移位寄存器、储存器等电路都是时序电路的典型器件。

数字电路与模拟电路相比有如下优点：

- 数字电路结构简单，容易制造，便于集成和系列化生产。成本低廉，使用方便。
- 由数字电路组成的数字系统工作准确可靠，精度高。
- 数字电路不仅能完成数值运算，还可以进行逻辑运算和判断。
- 数字电路集成度高，功能实现容易。集成度高，体积小，功耗低是数字电路突出的优点之一。随着集成电路技术的高速发展，数字逻辑电路的集成度越来越高，集成电路块的功能随着小规模集成电路（SSI）、中规模集成电路（MSI）、大规模集成电路（LSI）、超大规模集成电路（VLSI）的发展也从元件级、器件级、部件级、板卡级上升到系统级。电路的设计组成只需采用一些标准的集成电路块单元连接而成。对于非标准的特殊电路还可以使用可编程序逻辑阵列电路，通过编程的方法实现任意的逻辑功能。

数字电路与数字电子技术广泛应用于电视、雷达、通信、电子计算机、自动控制、航天等科学技术各个领域。

第5节　逻辑函数及其简化

→ 1. 了解逻辑代数的基本知识
→ 2. 掌握逻辑函数简化的基本方法

一、逻辑代数

1. 基本逻辑

逻辑代数是一种描述客观事物逻辑关系的数学方法。它是英国数学家乔治·布尔（George Boole）在 1847 年首先提出来的，所以又称布尔代数。在分析和设计数字电路时经常使用到这种数学工具。

事物的发展和变化通常是按照一定的因果关系进行的。例如，照明电路中电灯是否亮，取决于电源是否接通和灯泡的好坏。后两者是因，前者则是果。这种因果关系一般称为逻辑关系。逻辑代数正是反映这种逻辑关系的数学工具。

由于事物包含相互对立而又互相联系的两个方面，如上例所说亮与暗、通与断、好与坏等，所以在逻辑代数中，为了描述事物两种对立的逻辑状态，采用的是仅有两个取值的变量。这种变量称为逻辑变量。

逻辑变量和普通代数变量一样，都是用字母表示，但它又和普通代数变量有本质的区别：人们所研究的逻辑变量的取值只有 0 和 1 两种可能，而且这里的 0 和 1 不是表示数值大小，而是代表逻辑变量的两种状态。

可见，在数字电路中的二进制数码，有时可作为二进制数表示数值的大小，此时它们之间可以进行算术运算；有时还可以作为逻辑变量表示不同的逻辑状态，此时它们之间只能按照某种逻辑关系进行逻辑运算。

2．基本逻辑运算

逻辑代数的基本运算有与、或、非三种。下面结合指示灯控制电路的实例分别进行讨论。

（1）与运算（逻辑与）。串联开关电路如图 2—36 所示。

图 2—36 给出了指示灯的两开关串联控制电路。由图 2—36 可知，只有 A 和 B 两个开关全都接通时，指示灯 Y 才会亮；如果有一个开关不接通，或两个开关均不接通，则指示灯不亮。由此例可以得到这样的逻辑关系：只有决定事物结果（灯亮）的几个条件（开关 A 和 B 接通）同

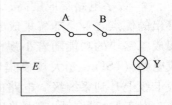

图 2—36　串联开关电路

时满足时，结果才会发生。这种因果关系称为逻辑与，也叫与逻辑关系。

为了详细描述逻辑关系，常把"条件"和"结果"的各种可能性列成表格对应表示出来，与逻辑关系表见表 2—3。如果用二值逻辑变量来表示上述关系，假设开关接通和灯亮均用 1 表示，开关不通（断）和灯不亮（灭）均用 0 表示，则可得到表 2—4。这种逻辑变量的真正取值反映逻辑关系的表格称为逻辑真值表，简称真值表。

表 2—3　　　　　　　　　　　　　与逻辑关系表

开关 A	开关 B	灯 Y
断	断	不亮
断	通	不亮
通	断	不亮
通	通	亮

表 2—4　　　　　　　　　　　　　与逻辑真值表

A	B	Y
0	0	0
0	1	0
1	0	0
1	1	1

在逻辑代数中，把逻辑变量之间逻辑与关系称作与运算，也叫逻辑乘法运算，并用符号"·"表示与。因此，A、B 和 Y 的与逻辑关系可写成：

$$Y = A \cdot B$$

此式称为与逻辑表达式。在有些书中，也有用符号∩和 & 表示与运算。

与逻辑关系还可以用逻辑符号表示。与逻辑符号如图 2—37 所示。其中，图2—37a 为常用符号，图 2—37b 为国标符号。

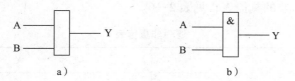

图 2—37　与逻辑符号

a）常用符号　b）国标符号

（2）或运算（逻辑或）。指示灯的两开关并联控制电路如图 2—38 所示。显而易见，只要任何一个开关（A 或 B）接通或两个均接通，指示灯 Y 都会亮；如果两个开关均不接通，则灯不亮。由此可以得到另一种逻辑关系：在决定事物结果的几个条件中，只要满足一个或一个以上条件时，结果就会发生；否则，结果不会发生。这种因果关系为逻辑或，也叫或逻辑关系。

按照前述假设，用二值逻辑变量不难列出或逻辑关系的真值表，见表 2—5。

表 2—5　　　　　　　　　　　　或逻辑真值表

A	B	Y
0	0	0
0	1	1
1	0	1
1	1	1

逻辑变量之间逻辑或关系也称为或运算，也叫作逻辑加法运算，并用符号"＋"表示或。因此，A、B 和 Y 的或逻辑关系表达式为：

$$Y = A + B$$

或逻辑关系也可以用逻辑符号表示。或逻辑符号如图 2—39 所示。其中，图2—39a 为常用符号，图 2—39b 为国标符号。

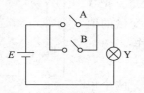

图 2—38　并联开关电路

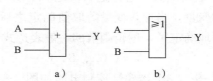

图 2—39　或逻辑符号

a）常用符号　b）国标符号

单元
2

（3）非运算（逻辑非）。如图2—40所示为单开关电路。由图2—40可知，当开关A接通时，指示灯Y不亮；而当开关A不接通时，指示灯亮。它所反映的逻辑关系：当某一条件满足时，结果却不发生；而这一条件不满足时，结果才会发生。这种因果关系称为逻辑非，也叫非逻辑关系。

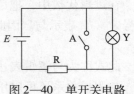

图2—40　单开关电路

假设开关接通和灯亮均用1表示，开关不通和不亮均用0表示，则可得到逻辑非的真值表，见表2—6。

表2—6　　　　　　　　　　　　逻辑非真值表

A	Y
0	1
1	0

在逻辑代数中，逻辑非称为非运算，也称作求反运算。通常在变量上方加一短线表示非运算，所以逻辑表达式可写为：

$$Y = \overline{X}$$

逻辑非的逻辑符号如图2—41所示，图2—41中小圈表示非运算，图2—41a所示为常用符号，图2—41b所示为国标符号。

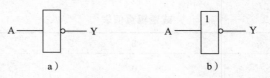

图2—41　非的逻辑符号
a）常用符号　b）国标符号

3. 逻辑函数及其表示方法

（1）逻辑函数的概念。前面介绍了与、或、非三种最基本的逻辑运算。在实际的逻辑问题中，往往是由三种基本逻辑运算组合起来，构成一种复杂的运算形式，来表示某个逻辑变量。由此，经常用逻辑函数描述这种关系。

一般地说，某逻辑变量Y是由若干其他逻辑变量A、B、C…经过有限个基本逻辑运算确定的，那么Y就称作是A、B、C…的逻辑函数。通常把A、B、C…称为输入变量，把Y称为输出变量。当输入变量的取值确定之后，输出变量的值也就唯一地确定了。逻辑函数的一般表达式可以写作：

$$Y = f（A，B，C…）$$

例2—9　一个楼梯灯控制电路如图2—42所示。两个单刀双掷开关A和B分别装在楼上和楼下，无论在楼上或楼下都能单独控制开灯和关灯。现在分析一下灯的状态和A、B

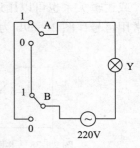

图2—42　例2—9配图

开关所处状态之间的逻辑关系。

假设灯的状态用 Y 表示，而且 Y = 1 为灯亮，Y = 0 为灯灭。开关 A、B 的位置拨上为 1，拨下为 0。则 Y 和 A、B 的逻辑关系可用真值表来表示，见表 2—7。

表 2—7　　　　　　　　　　　　逻辑真值表

A	B	Y
0	0	0
0	1	1
1	0	1
1	1	0

由表 2—7 可知，Y 的状态取决于 A、B 的状态，当 A、B 的取值确定之后，Y 的值也就唯一地确定了。所以，Y 是 A、B 的逻辑函数。可见一件具体事件的因果关系可以用一个逻辑函数来表示。

（2）逻辑函数的表示方法。一个逻辑函数可以用逻辑真值表、逻辑函数式、逻辑图、波形图等方法来表示。本节结合例 2—9 电路介绍这些表示方法的特点，以及它们之间互相转换的方法。

1）逻辑真值表。根据楼梯灯控制电路的工作原理，确定了输入变量（开关 A、B）、输出变量（电灯 Y），以及用 0 和 1 表示的状态，很容易列出 A、B 的不同取值组合与函数值 Y 的对应关系表，即逻辑真值表（见表 2—7）。可见，逻辑真值表是用数字符号表示逻辑函数的一种方法。一个确定的逻辑函数只有一个逻辑真值表。

单元
2

逻辑真值表能够直观、明了地反映变量取值和函数值的对应系数，一般给出逻辑问题之后，比较容易直接列出真值表。但它不是逻辑运算式，不便推演变换。另外，变量多时列表比较烦琐。

2）逻辑函数式。从真值表 2—7 可以看出，使 Y 为 1 的条件：$\overline{A} \cdot B$ 为 1 或 $A \cdot \overline{B}$ 为 1。因此，逻辑函数 Y 可以用下面函数式来表示：

$$Y = \overline{A} \cdot B + A \cdot \overline{B}$$

由此可见，逻辑函数式是一种用与、或、非等逻辑运算组合起来的表达式。用它表示逻辑函数，形式简洁、书写方便、便于推演变换。另外，它直接反映变量间的运算关系，便于改用逻辑符号表示该函数。但是，它不能直接反映出变量取值间的对应关系，而且同一个逻辑函数可以写成多种函数式。

3）逻辑图。将逻辑函数式的运算关系用对应的逻辑符号表示出来，就是函数的逻辑图。

根据上述逻辑函数式，利用三种最基本的逻辑符号，就可以画出如图 2—43 所示的逻辑图，它能反映楼梯灯控制电路的逻辑关系。如果用具有相应功能的实际电路逻辑符号，则可得到实际的控制电路。

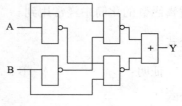

图 2—43　逻辑图

逻辑图与数字电路器件有明显对应关系，便于制做实际数字电路。但它不能直接进行逻辑的推演和变换。

4）波形图。在给出输入变量随时间变化的波形后，根据输出变量与其对应关系，即可找出输出变量随时间变化的规律。这种反映输入和输出波形变化规律的图形称为波形图，又叫时序图。如图2—44所示是给定A、B波形后所画出的上述函数Y的波形图。

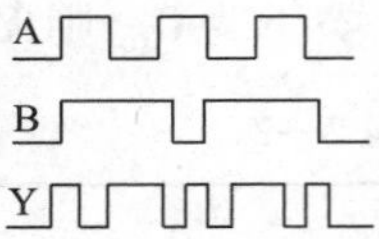

图2—44　波型图

波形图能清晰地反映出变量间的时间关系，以及函数值随时间变化的规律。它同实际电路中的电压波形相对应，故常用于数字电路的分析检测和设计调试中。但它不能直接表示出变量间逻辑关系。

4．常用公式

（1）基本公式。根据逻辑变量的特点和与、或、非三种基本逻辑运算关系，可以推导出逻辑代数的基本公式，见表2—8。

表2—8　　　　　　　　　　　　　逻辑代数的基本公式

范围说明	名称	逻辑与（非）	逻辑或
变量与常量的关系	01律	$A \cdot 1 = A$ $A \cdot 0 = 0$	$A + 0 = A$ $A + 1 = 1$
和普通代数相似的定律	交换律 结合律 分配律	$A \cdot B = B \cdot A$ $(A \cdot B) \cdot C = A \cdot (B \cdot C)$ $A \cdot (B + C) = A \cdot B + A \cdot C$	$A + B = B + A$ $(A + B) + C = A + (B + C)$ $A + B \cdot C = (A + B) \cdot (A + C)$
逻辑代数特殊规律	互补律 重叠律 反演律	$A \cdot \bar{A} = 0$ $A \cdot A = A$ $\overline{A \cdot B} = \bar{A} + \bar{B}$	$A + \bar{A} = 1$ $A + A = A$ $\overline{A + B} = \bar{A} \cdot \bar{B}$
	否定律	$\bar{\bar{A}} = A$	

以上定律正确性的最直接的证明方法是通过真值表。若等式两边的真值表相同，则等式成立。这里不再一一证明。

（2）若干常用公式。利用表2—9的基本公式，可以推演出一些其他公式，它们在逻辑函数的化简中经常用到。

公式1　　　　　　　　　　　　　$A \cdot B + A \cdot \bar{B} = A$

证明：　　　　　$A \cdot B + A \cdot \bar{B} = A \cdot (B + \bar{B}) = A \cdot 1 = A$

公式2　　　　　　　　　　　　　$A + A \cdot B = A$

证明：　　　　$A + A \cdot B = A \cdot (1 + B) = A \cdot 1 = A$

公式3 $$A + \bar{A} \cdot B = A + B$$

　证明： $A + \bar{A} \cdot B = (A + \bar{A}) \cdot (A + B) = 1 \cdot (A + B) = A + B$

公式4 $$A \cdot B + \bar{A} \cdot C + B \cdot C = A \cdot B + \bar{A} \cdot C$$

　证明： $A \cdot B + \bar{A} \cdot C + B \cdot C = A \cdot B + \bar{A} \cdot C + B \cdot C (A + \bar{A})$

$$= A \cdot B + \bar{A} \cdot C + A \cdot B \cdot C + \bar{A} \cdot B \cdot C$$

二、逻辑函数的简化

在逻辑设计中，逻辑函数最终都要用逻辑电路来实现。若逻辑表达式越简单，则实现它的电路越简单，电路成本越低，电路工作也越稳定可靠。因此，数字电路中，逻辑函数通常都要进行化简。而其中与一或表达式是逻辑函数的最基本表示形式，其对应的门电路也最常用。最简与一或表达式的标准如下：

- 逻辑函数式中的乘积项（与项）的个数最少。
- 每个乘积项中的变量数也最少。

常用的化简逻辑函数的方法有代数法和卡诺图法两种。

1. 代数法

运用逻辑代数中的基本定理和法则，对函数表达式进行变换，消去多余项和多余变量，以获得最简函数表达式的方法，就称为公式法化简，也称为代数法化简。

常见的公式化简方法有以下几种：

（1）并项法

并项法是运用公式 $AB + A\bar{B} = A$，将两项合并为一项，同时消去一个变量。

例2—10 化简函数 $Y = \bar{A}BC + \bar{A}B\bar{C}$。

解： $Y = \bar{A}BC + \bar{A}B\bar{C} = \bar{A}B (C + \bar{C}) = \bar{A}B$

（2）吸收法

吸收法是运用公式 $A + AB = A$ 和公式 $AB + \bar{A}C + BC = AB + \bar{A}C$ 吸收多余项。

例2—11 化简函数 $Y = AB + AB (C + D)$。

解： $Y = AB + AB (C + D) = AB (1 + C + D) = AB$

（3）消去法

消去法是指运用公式 $A + \bar{A}B = A + B$ 消去多余的因子。

例2—12 化简函数 $Y = AB + \bar{A}C + \bar{B}C$。

解： $Y = AB + \bar{A}C + \bar{B}C$

$$= AB + (\bar{A} + \bar{B}) C$$

$$= AB + \overline{AB}C$$

$$= AB + C$$

单元
2

（4）配项法

配项法是指运用公式 $A + \bar{A} = 1$、$A\bar{A} = 0$ 或 $AB + \bar{A}C + BC = AB + \bar{A}C$，在表达式中增加冗余项，以消去其他项。

例 2—13 化简函数 $Y = A\bar{B} + B\bar{C} + \bar{B}C + \bar{A}B$。

解： $Y = A\bar{B} + B\bar{C} + \bar{B}C + \bar{A}B$

$= A\bar{B} + B\bar{C} + (A + \bar{A})\bar{B}C + \bar{A}B(C + \bar{C})$

$= A\bar{B} + B\bar{C} + A\bar{B}C + \bar{A}\bar{B}C + \bar{A}BC + \bar{A}B\bar{C}$

$= A\bar{B}(1 + C) + (1 + \bar{A})B\bar{C} + \bar{A}C(\bar{B} + B)$

$= A\bar{B} + B\bar{C} + \bar{A}C$

2. 卡诺图法

卡诺图法是化简逻辑函数的另一种有效方法。它将函数的全部最小项排列成一个方格阵列，相临的小方格所对应的最小项仅有一个变量取值不同。用卡诺图化简函数，正是利用这种相邻关系来合并最小项，达到化简目的。

（1）最小项的定义和性质。最小项：如果一个函数的某个乘积项包含了函数的全部变量，其中每个变量都以原变量或反变量的形式出现，且仅出现一次，则这个乘积项称为该函数的一个最小项。3 个变量 A、B、C 可组成 8 个最小项：$\bar{A}\bar{B}\bar{C}$、$\bar{A}\bar{B}C$、$\bar{A}B\bar{C}$、$\bar{A}BC$、$A\bar{B}\bar{C}$、$A\bar{B}C$、$AB\bar{C}$、ABC。

通常用符号 m_i 来表示最小项。下标 i 的确定：把最小项中的原变量记为 1，反变量记为 0，当变量顺序确定后，可以按顺序排列成一个二进制数，则与这个二进制数相对应的十进制数就是这个最小项的下标 i。3 个变量 A、B、C 的 8 个最小项可以分别表示为 m_0，m_1，m_2，m_3，m_4，m_5，m_6，m_7。

（2）逻辑变量卡诺图的构成。卡诺图以图形的方式来表示输入变量的不同取值组合与函数值之间的对应关系。卡诺图是一种平面方格图，n 变量的卡诺图有 2^n 个方格，每个方格对应函数的一个最小项，并且行变量和列变量按循环码排列。下面分别给出了二变量、三变量、四变量的卡诺图。

1）两变量卡诺图。

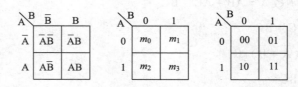

2）三变量卡诺图。

BC A	00	01	11	10
0	m_0	m_1	m_3	m_2
1	m_4	m_5	m_7	m_6

3）四变量卡诺图。

CD AB	00	01	11	10
00	m_0	m_1	m_3	m_2
01	m_4	m_5	m_7	m_6
11	m_{12}	m_{13}	m_{15}	m_{14}
10	m_8	m_9	m_{11}	m_{10}

（3）逻辑变量卡诺图的性质

1）真值表和卡诺图具有一一对应关系。

2）两个逻辑相临的最小项仅有一个变量不同。在卡诺图中，逻辑相临的最小项排在几何位置相临的小方格中。为了使卡诺图中几何相临的最小项具有逻辑相临性，变量取值的顺序应按格雷码排列。卡诺图中小方格的相临通常包括以下情况：

①在同一幅卡诺图中，有一条公共边的方格是相临的。

②在同一幅卡诺图中，分别处于行或列两端的方格是相临的。

（4）用卡诺图表示逻辑函数

1）逻辑函数以真值表或者以最小项表达式给出：在卡诺图上那些与给定逻辑函数的最小项相对应的方格内填入 1，其余的方格内填入 0。

2）逻辑函数以一般的逻辑表达式给出：先将函数变换为与或表达式（不必变换为最小项之和的形式），然后在卡诺图上与每一个乘积项所包含的那些最小项（该乘积项就是这些最小项的公因子）相对应的方格内填入 1，其余的方格内填入 0。

（5）化简逻辑函数式的步骤和规则

1）画出逻辑函数的卡诺图。

2）合并卡诺图中的相邻最小项

①只有相邻的 1 方格才能合并，而且每个包围圈只能包含 2^n 个 1 方格（$n = 0, 1, 2\cdots$）。

②在新画的包围圈中必须有未被圈过的 1 方格，否则该包围圈是多余的。

③包围圈的个数尽量少，这样逻辑函数的与项就少。

单元
2

④画包围圈时应遵从由少到多的顺序圈。

⑤包围圈尽量大，这样消去的变量就多，与门输入端的数目就少。

3）将合并化简后的各与项进行逻辑加，便为所求的逻辑函数最简与—或式。

例2—14 用卡诺图化简函数 $Y = \overline{A}C\overline{D} + \overline{A}BD + \overline{A}CD + \overline{A}BD + A\overline{B}C$

解： $Y = \overline{A}C\overline{D} + \overline{A}BD + \overline{A}CD + \overline{A}BD + A\overline{B}C$

$= \overline{A}\,\overline{B}\,C\overline{D} + \overline{A}BCD + \overline{A}BCD + \overline{A}\,\overline{B}CD + \overline{A}BC\overline{D} + \overline{A}BCD + \overline{A}BCD + \overline{A}B\,\overline{C}D$

$+ A\overline{B}CD + A\overline{B}C\overline{D}$

AB＼CD	00	01	11	10
00	1	1	1	1
01	1	1	1	1
11	0	0	0	0
10	0	0	1	1

$$Y = \overline{A} + \overline{B}C$$

（6）具有无关项的逻辑函数化简

约束项：在函数中变量取值的某些组合所对应的最小项不会出现或不允许出现。

任意项：在一些函数中，变量取值的某些组合既可以是1，也可以是0，不影响结果。约束项和任意项统称为无关项。

无关项在逻辑函数化简时可以取值为1，也可以为0。在逻辑函数表达式中用 $d(\cdots)$ 表示，在卡诺图中用 X 表示。

例2—15 用卡诺图化简逻辑函数 $F(A, B, C, D) = \sum(2, 4, 6, 9, 13, 14) + \sum d(0, 1, 3, 11, 15)$。

不考虑无关项

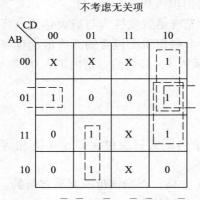

$$Y = \overline{A}B\overline{D} + A\overline{C}\overline{D} + \overline{A}C\overline{D} + BC\overline{D}$$

考虑无关项

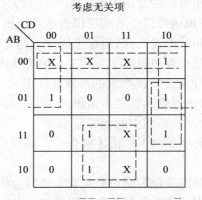

$$Y = \overline{A}\overline{D} + \overline{A}\overline{B} + AD + BC\overline{D}$$

特别提示

用无关项化简逻辑函数的物理意义：若是任意项，其值为 0 或为 1 不影响函数值。若是约束项，用它进行函数化简后，得到的是约束项可以出现的结果，实际应用时约束项是不会出现的，所以化简后得到的函数在不出现约束状态时结果是正确的。

第 6 节　集成逻辑门的简介

→ 1. 了解晶体管的开关特性
→ 2. 了解常见集成门电路的工作原理

逻辑门电路是用以实现基本逻辑运算的电子电路，简称门电路。用逻辑 1 和 0 分别来表示电子电路中的高、低电平的逻辑赋值方式，称为正逻辑，目前在数字技术中，大都采用正逻辑工作；若用低、高电平来表示，则称为负逻辑。

在数字集成电路的发展过程中，同时存在着两种类型器件的发展。一种是由三极管组成的双极型集成电路，如晶体管—晶体管逻辑电路（简称 TTL 电路），另一种是由 MOS 管组成的单极型集成电路，例如 N—MOS 逻辑电路和互补 MOS（简称 COMS）逻辑电路。

一、三极管的开关特性

三极管有三种工作状态：放大状态、截止状态和饱和状态。在数字电路中，三极管是最基本的开关元件，通常工作在饱和区或截止区，放大区只是出现在三极管由饱和到截止或由截止到饱和的状态转换过程中，是瞬间即逝的。下面以 NPN 型的管子为例介绍三极管的开关特性。

1. 饱和导通条件及饱和时的特点

开关电路的工作信号是脉冲信号，其电平做阶跃变化。当输入正阶跃信号时（设阶跃电平为 5 V），发射结正向偏置，当其基极电流足够大时，将使三极管饱和导通。三极管处于饱和状态时，其饱和管压降 U_{CES} 很小（硅管约为 0.3 V，锗管约为 0.1 V）。因此，在工程上可以认为 $U_{CES}=0$，即集电极与发射极之间相当于短路，在电路中相当于开关闭合。

2. 截止条件及截止时的特点

当电路无输入信号时，三极管发射结偏置电压为 0 V，所以基极电流 $I_B=0$ A，集

电极电流为 $I_C = 0$ A，$U_{CE} = U_{CC}$，三极管处于截止状态，即集电极和发射极之间相当于断路。因此，通常把 $u_i = 0$ V 作为截止条件。

二、TTL 集成逻辑门

用二极管、三极管等单个元件组成的门电路称为分立元件门电路。这种门电路的缺点是体积大、工作速度低、可靠性差、带负载能力较弱。因此，数字设备中广泛采用体积小、质量轻、功耗低、速度快、可靠性高的集成门电路。集成门电路按电路结构的不同，可由晶体管组成，或由绝缘栅型场效应管组成。前者的输入级和输出级均采用晶体管，故称为晶体管—晶体管逻辑电路，简称 TTL 电路。后者为金属—氧化物—半导体场效应管逻辑电路，简称 MOS 电路。

TTL 电路的特点是运行速度快，电源电压低（仅 5 V），有较强的带负载能力。在 TTL 门电路中以与非门应用最为普遍，因此，这里只讨论 TTL 集成与非门。

1. TTL 与非门电路

TTL 与非门的典型电路如图 2—45 所示，它包括输入级、中间级和输出级三个部分。输入级由多发射极晶体管 V1 和电阻 R1 组成，V1 有多个发射极，任何一个发射极（A、B 或 C）都可以和基极、集电极构成一个 NPN 型三极管。发射极 A、B、C 作为与非门的输入端。中间级由 V2 和 R2、R3 组成，它将输入信号放大，并传送至输出级。输出级由 V3、V4、V5 和 R4、R5 组成，V3、V4 构成复合管与 R5 一起作 T5 的有源负载。由中间级 V2 输出的两个信号，使得 V4 和 V5 总是一个导通而另一个截止。与非门的输出 Y 由 V4 和 V5 的连接端引出。

输入端 A、B、C 若有一个或几个为低电平 0 时，V1 的发射结导通，基极电位在 0.7 ~ 1 V，该电位不足以使 V1 的集电结和 V2、V5 导通，而使其均处于截止状态，并导致复合管 V3、V4 导通，输出 Y 为高电平 1。只有当输入端全部为高点平 1 时，V1 管的基极电位大约为 2.1 V（V1 的集电结，V2、V5 的发射结电压各 0.7 V），其发射结均截止，而集电结和 V2、V5 均导通，并使 V3、V4 截止，输出 Y 为低电平 0。其输入、输出符合与非门逻辑关系。

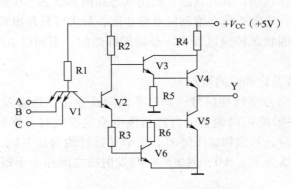

图 2—45　TTL 与非门电路结构

特别提示

TTL 与非门有多个输入端。当输入信号的数目较少时，对暂时不用的输入端（即闲置端）的处理一般有以下几种方法：

1. 将闲置端悬空（相当于高电平，即 1 态），这样处理的缺点是易受干扰。

2. 将闲置端与其他信号输入端并联，这样处理的优点是可以提高工作可靠性，缺点是增加前级门的负载电流。

3. 通过一个数千欧的限流电阻将闲置端接到电源 U_{CC} 的正极。

2. 集电极开路与非门（OC 门）

在实际应用中，有时需要将几个与非门的输出端并联进行线与运算，即各个与非门的输出均为高电平时，并联输出才是高电平；任一个门为低电平，并联输出就为低电平。前面讨论的 TTL 与非门的输出端不允许并联，即不能进行线与运算，否则当一个门输出高电平，而另一个门输出低电平时，会产生一个很大的电流，造成门电路损坏。OC 门可以实现线与，其典型电路如图 2—46 所示，其特点是将原 TTL 与非门电路中的输出管 V5 的集电极开路，并取消了集电极电阻，因此，使用时必须外接上拉电阻 R。多个 OC 门输出端相连时，可以共用一个上拉电阻。

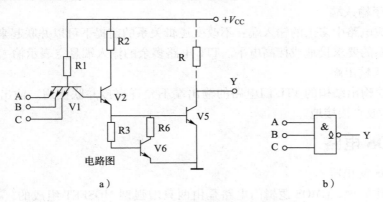

图 2—46　OC 门的电路图和逻辑符号

a）电路图　b）逻辑符号

3. 三态输出与非门

三态门的输出状态除了高电平、低电平，还有第三种状态，即高阻状态，也称为禁止状态。三态门的逻辑符号如图 2—47 所示。其中 $\overline{EN}$ 为控制端，也称使能端。

工作原理：

（1）当 $\overline{EN}=0$ 时，二极管 VD 截止，TSL 门的输出状态完全取决于输入信号 A、B 的状态，电路输出与输入的逻辑关系和一般与非门相同。$Y=\overline{AB}$。

（2）当 $\overline{EN}=1$ 时，二极管 VD 导通，一方面使 $u_{C2}=1$ V，V4 截止；另一方面使 $u_{B1}=1$ V，从而使 V2 和 V5 截止。输出端开路，电路处于高阻状态。

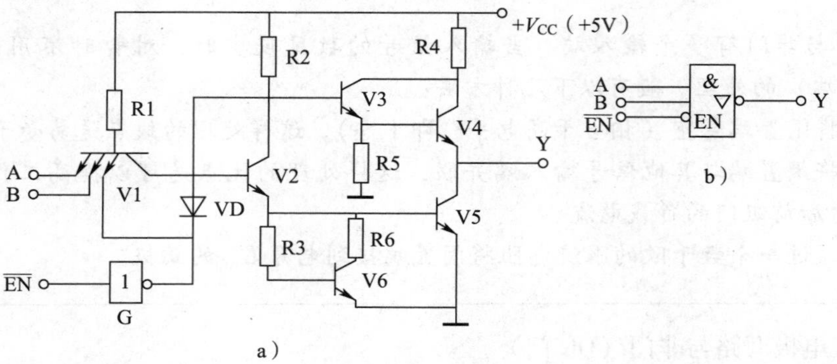

图 2—47　三态门的电路图和逻辑符号

a）电路图　b）逻辑符号

4．TTL 集成电路逻辑门电路的使用注意事项

（1）关于电源等

对于各种集成电路，使用时一定要在推荐的工作条件范围内，否则将导致性能下降或损坏器件。

（2）关于输入端

数字集成电路中多余的输入端在不改变逻辑关系的前提下可以并联起来使用，也可根据逻辑关系的要求接地或接高电平。TTL 电路多余的输入端悬空表示输入为高电平。

（3）关于输出端

具有推拉输出结构的 TTL 门电路的输出端不允许直接并联使用。输出端不允许直接接电源 V_{CC} 或直接接地。

三、CMOS 电路

1．CMOS 反相器

（1）工作原理。CMOS 逻辑门电路是由两只增强型 MOSFET 组成的，其中 T_N 为 N 沟道结构，T_P 为 P 沟道结构，两只 MOS 管的栅极连在一起作为输入端；它们的漏极连在一起作为输出端。CMOS 反相器如图 2—48 所示。

当 $V_i = 0$ V 时，T_N 截止，T_P 导通，输出 $V_o \approx V_{DD}$。

当 $V_i = V_{DD}$时，T_N 导通，T_P 截止，输出 $V_o \approx 0$ V。

（2）电压传输特性（设：$V_{DD} = 10$ V，$V_{TN} = |V_{TP}| = 2$ V）。CMOS 反相器的电压传输特性曲线如图 2—49 所示。

1）当 $V_i < 2$ V，T_N 截止，T_P 导通，输出 $V_o \approx V_{DD} = 10$ V。

2）当 2 V $< V_i < 5$ V，T_N 工作在饱和区，T_P 工作在可变电阻区。

3）当 $V_i = 5$ V，两管都工作在饱和区，$V_o = (V_{DD}/2) = 5$ V。

4）当 5 V $< V_i < 8$ V，T_P 工作在饱和区，T_N 工作在可变电阻区。

5）当 $V_i > 8$ V，T_P 截止，T_N 导通，输出 $V_o = 0$ V。

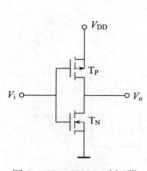

图 2—48 CMOS 反相器

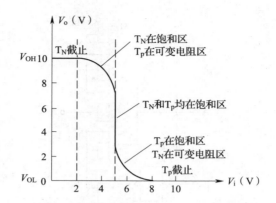

图 2—49 CMOS 反相器电压传输特性曲线

可见，CMOS 门电路的阈值电压 $V_{th} = V_{DD}/2$。

2. CMOS 传输门

（1）电路结构与逻辑符号。CMOS 传输门电路结构与逻辑符号如图 2—50 所示。

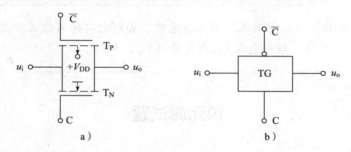

图 2—50 CMOS 传输门电路结构与逻辑符号

a）电路图 b）逻辑符号

（2）工作原理

1）C = 0 时，即 C 端为低电平（0 V）、$\overline{C}$ 端为高电平（$+V_{DD}$）时，T_N 和 T_P 都不具备开启条件而截止，输入和输出之间相当于开关断开一样。

2）C = 1 时，即 C 端为高电平（$+V_{DD}$）、$\overline{C}$ 端为低电平（0 V）时，T_N 和 T_P 都具备了导通条件，输入和输出之间相当于开关接通一样，$u_o = u_i$。

3. CMOS 三态输出门电路

（1）电路结构与逻辑符号。CMOS 三态门电路结构与逻辑符号如图 2—51 所示。

（2）工作原理

1）$\overline{E} = 0$ 时，T_{P2}、T_{N2} 均导通，T_{P1}、T_{N1} 构成反相器。

2）$\overline{E} = 1$ 时，T_{P2}、T_{N2} 均截止，Y 与地和电源都断开了，输出端呈现为高阻态。

可见，电路的输出有高阻态、高电平和低电平 3 种状态，是一种三态门。

单元

2

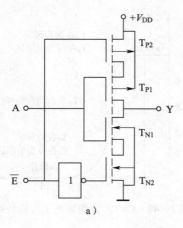 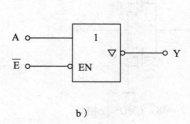

图 2—51　CMOS 三态门电路结构与逻辑符号

a）电路图　b）逻辑符号

特别提示

1. CMOS 电路，多余的输入端不允许悬空，否则电路将不能正常工作。
2. 输出端不允许直接与电源 V_{DD} 或与地（V_{SS}）相连。

单元
2

单元测试题

一、填空题

1. P 型半导体中的少子是_____，多子是_____；N 型半导体中的少子是_____，多子是_____。

2. 二极管最主要的特性是_____。

3. 硅管的正向导通电压约为_____ V，锗管的正向导通电压约为_____ V。

4. 负反馈放大电路增益的一般表达式 $A_f =$ _____。

5. 三极管具有放大作用的外部电压条件是发射结_____，集电结_____。

6. 基本逻辑运算有_____、_____和_____运算。

7. 已知逻辑函数 $Y = \overline{A}\,\overline{B} + C$，若令 $A = BC$，根据代入规则，逻辑函数 $Y =$ _____。

8. 四变量函数最小项 $A\overline{B}\overline{C}D$，用注有下标的小写 m 表示，记作_____。

9. 有一数码 10010011，作为自然二进制数时，它相当于十进制数_____，作为 8421BCD 码时，它相当于十进制数_____。

10. 三态门电路的输出有高电平、低电平和_____ 3 种状态。

二、选择题

1. 当环境温度升高时，二极管的反向饱和电流 I_S 将增大，这是因为此时 PN 结内部的（　　）。

A. 多数载流子浓度增大
B. 少数载流子浓度增大
C. 多数载流子浓度减小
D. 少数载流子浓度减小

2. RC 桥式正弦波振荡电路中，RC 串并联选频网络匹配一个电压放大倍数为（　　）的正反馈放大器时，就可构成正弦波振荡器。

A. 略大于 1/3
B. 略小于 3
C. 略大于 3

3. 下列式子中，不正确的是（　　）。

A. $A + A = A$
B. $\overline{A} \oplus \overline{A} = 1$
C. $A \oplus 0 = A$
D. $A \oplus 1 = \overline{A}$

4. 下列选项中，（　　）是 TTLOC 门的逻辑符号。

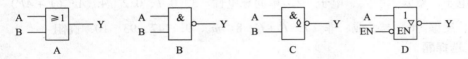

5. 函数 $F(A, B, C) = AB + BC + AC$ 的最小项表达式为（　　）。

A. $F(A, B, C) = \sum m(0, 2, 4)$
B. $F(A, B, C) = \sum m(3, 5, 6, 7)$
C. $F(A, B, C) = \sum m(0, 2, 3, 4)$
D. $F(A, B, C) = \sum m(2, 4, 6, 7)$

单　元
2

三、应用题

1. 在如图 2—52 所示电路图中，已知 $u_1 = 5\sin\omega t$（V），二极管导通电压 $U_D = 0.7$ V。试画出 u_1 与 u_o 的波形，并标出幅值。

2. 在如图 2—53 所示的电路图中，晶体管的 $\beta = 60$，$r_{bb'} = 100\ \Omega$。

（1）求解 Q 点；

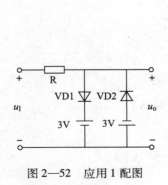

图 2—52　应用 1 配图

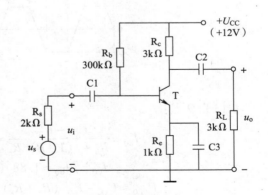

图 2—53　应用 2 配图

（2）画出微变等效电路，并求 $\dot{A}_u$、R_i 和 R_o；

（3）设 $U_s = 10\ mV$（有效值），求 U_I、U_o；若 C3 开路，求 U_I、U_o、R_i 和 R_o。

3. 化简函数 $Y = BC + \overline{BC} \cdot A\overline{C} + \overline{B}$。

4. 用卡诺图化简式 $Y = A\overline{B}CD + AB\overline{C}D + A\overline{B} + A\overline{D} + A\overline{B}C$。

5. 试用与非门设计一个三变量的不一致电路，要求三个变量状态不相同时输出为 0，相同时输出为 1，求：

（1）列出此逻辑问题的真值表；

（2）写出逻辑函数表达式；

（3）画出用与非门电路实现的电路逻辑图。

单元测试题答案

一、填空题

1. 电子、空穴、空穴、电子　2. 单向导电性　3. 0.7、0.2　4. $A/(1+AF)$

5. 正偏、反偏　6. 与、或、非　7. $\overline{B}+C$　8. m_9　9. 147、93　10. 高阻

二、选择题

1. B　2. C　3. B　4. C　5. B

三、应用题

1.

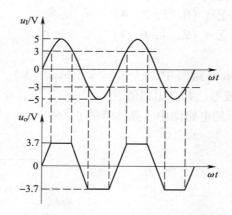

2. 解：（1）Q 点：

$$I_{BQ} = \frac{U_{CC} - U_{BEQ}}{R_b + (1+\beta)R_e} \approx 31\ (\mu A)$$

$$I_{CQ} = \beta I_{BQ} \approx 1.88\ (mA)$$

$$U_{CEQ} \approx U_{CC} - I_{CQ}(R_c + R_e) = 4.48\ (V)$$

（2）微变等效电路：

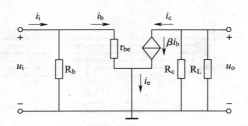

$$r_{be} = r_{bb} + (1+\beta) \frac{26\ mV}{I_{EQ}} \approx 939\ (\Omega)$$

$$R_i = R_b // r_{be} \approx 939\ (\Omega)$$

$$\dot{A}_u = -\frac{\beta\ (R_c // R_L)}{r_{be}} \approx -95.8$$

$$R_o = R_c = 3\ (k\Omega)$$

（3）设 $U_S = 10\ mV$（有效值），则：

$$U_i = \frac{R_i}{R_s + R_i} \cdot U_S \approx 3.2\ (mV)$$

$$U_o = |\dot{A}_u| U_i \approx 306\ (mV)$$

3. $Y = \overline{C}B$

4.

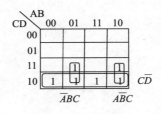

$$Y = C\overline{D} + \overline{A}BC + A\overline{B}C$$

5. 解：（1）真值表为：

A	B	C	Y	A	B	C	Y
0	0	0	1	1	0	0	0
0	0	1	0	1	0	1	0
0	1	0	0	1	1	0	0
0	1	1	0	1	1	1	1

（2）由真值表得逻辑函数表达式为：$Y = \overline{A}\ \overline{B}\ \overline{C} + ABC = \overline{\overline{\overline{A}\ \overline{B}\ \overline{C}} + \overline{ABC}} = \overline{\overline{A}\ \overline{B}\ \overline{C}} \cdot \overline{ABC}$

（3）逻辑图为：

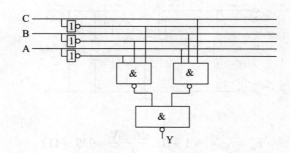

第**3**单元

印制电路板设计入门及手工制板

第1节 印制电路板设计基础

→ 1. 了解印制电路板的结构及分类
→ 2. 了解构成印制电路板的材料

印制电路板（PCB——Printed Circuit Borad）是由印制电路加基板构成的，它是电子工业重要的电子部件之一。印制电路板在电子设备中的广泛应用，大大简化了电子产品的装配、焊接、调试工作，提高了电子设备的质量和可靠性，另外，印制电路板具有良好的产品一致性，可以采用标准化设计，有利于生产过程中实现机械化和自动化，也便于整机产品的互换和维修。

印制电路板在各种电子设备中有如下功能：

1. 提供各种电子元器件固定、装配的机械支撑。

2. 实现各种电子元器件之间的布线和电气连接（信号传输）或电绝缘。提供所要求的电气特性，如特性阻抗等。

3. 为自动装配提供阻焊、助焊图形，为元器件插装、检查、维修提供识别字符和图形。

一、印制电路板的结构及分类

1. 印制电路板的结构

印制电路板主要由绝缘底板（基板）和印制电路（也称导电图形）组成，具有导电线路和绝缘底板的双重作用。

（1）绝缘基板（Base Material）。绝缘基板由绝缘隔热并不易弯曲的材料制成，常用的基板是覆铜板，全称覆铜箔层压板。覆铜板的整个板面上通过热压等工艺贴敷着一层铜箔。

（2）印制电路（Printed Circuit）。覆铜板被加工成印制电路板时，许多覆铜部分被蚀刻处理掉，留下来的那些各种形状的铜膜材料就是印制电路，它主要由印制导线和焊盘等组成。

1）印制导线（Conductor）。印制导线是根据电子产品的电路原理图建立起来的用来形成印制电路的导电通路。

2）焊盘（Pad）。用于印制电路板上电子元器件的电气连接、元件固定或两者兼备。

3）过孔（Via）和引线孔（Component Hole）。分别用于不同层面的印制电路之间的连接以及印制电路板上电子元器件的定位。

（3）助焊膜和阻焊膜。在印制电路板的焊盘表面可看到许多比其略大的浅色斑痕，这就是为提高可焊性能而涂覆的助焊膜。印制电路板上非焊盘处的铜箔是不能黏锡的，因此，印制电路板上焊盘以外的各部位都要涂覆绿色或棕色的一层涂料——阻焊膜。这一绝缘防护层不但可以防止铜箔氧化，也可以防止桥焊的产生。

（4）丝印层（Overlay）。为了方便元器件的安装和维修等，印制电路板的板上有一层丝网印刷面（图标面）——丝印层，这上面会印上标志图案和各元器件的电气符号、文字符号（大多是白色）等，主要用于标出各元器件在板子上的位置，因此，印制电路板上有丝印层的一面常称为元件面。

2. 印制电路板的分类

印制电路板根据其基板材质刚、柔强度不同，分为刚性板、挠性板及刚挠结合板，又根据板面上印制电路的层数可分为单面板、双面板以及多层板。

（1）单面板（Single – sided）。单面板是指仅一面上有印制电路的印制电路板。这是早期电路（THT 元件）才使用的板子，元器件集中在其中一面——元件面（Component Side），印制电路则集中在另一面——印制面或焊接面（Solder Side），两者通过焊盘中的引线孔形成连接。单面板在设计线路上有许多严格的限制，如布线间不能交叉而必须绕独自的路径。

（2）双面板（Double – Sided Boards）。双面板是指两面均有印制电路的印制电路板。这类的印制电路板两面导线的电气连接是靠穿透整个印制电路板并金属化的通孔（through via）来实现的。相对来说，双面板的可利用面积比单面板大了一倍，并且有效地解决了单面板布线间不能交叉的问题。

（3）多层板（Multi – Layer Boards）。多层板是指由多于两层的印制电路与绝缘材料交替黏结在一起，且层间导电图形互连的印制电路板。如用一块双面作内层、两块单面作外层，每层板间放进一层绝缘层后黏牢（压合），便有了四层的多层印制电路板。板子的层数就代表了有几层独立的布线层，通常层数都是偶数，并且包含最外侧的两层。例如，大部分计算机的主机板都是 4 ~ 8 层的结构。目前，技术上已经可以做到近100 层的印制电路板。在多层板中，各面导线的电气连接采用埋孔（buried via）和盲孔（blind via）技术来解决。

单 元

3

二、印制电路板材料

1. 覆铜板的基本构成

覆铜板是由基板、铜箔和黏合剂构成的。基板是由高分子合成树脂和增强材料组成的绝缘层板；在基板的表面覆盖着一层导电率较高、焊接性良好的纯铜箔，常用厚度35 ~ 50 μm；铜箔覆盖在基板一面的覆铜板称为单面覆铜板，基板的两面均覆盖铜箔的覆铜板称双面覆铜板；铜箔通过黏合剂牢固地覆在基板上。常用覆铜板的厚度有1.0 mm、1.5 mm 和 2.0 mm 三种。

覆铜板板材通常按增强材料、黏合剂或板材特性分类。若以增强材料来区分，可分为有机纤维材料的纸质和无机纤维材料的玻璃布、玻璃毡等类；若以黏合剂来区分，可分为酚醛、环氧、聚四氟乙烯、聚酰亚胺等类；若以板材特性来区分，可分为刚性和挠性两类。铜箔的厚度系列为 18、25、35、50、70、105，单位为 μm，误差不大

于 ±5 μm，一般最常用的为 35 μm、50 μm。

2. 印制电路板的材料选用原则

不同的电子设备对覆铜板的板材要求也不同，否则，会影响电子设备的质量。

纸基板价格低廉，但性能较差，可用于低频和要求不高的场合。玻璃布板与合成纤维板价格较高，但性能较好，常用作高频、高档家电产品中。当频率高于数百兆赫时，基板必须用介电常数和介质损耗更小的材料，如聚四氟乙烯和高频陶瓷。

下面介绍几种国内常用的覆铜板，供设计时选用。

（1）覆铜箔酚醛纸层压板。多呈黑黄色或淡黄色。价格低，阻燃强度低，易吸水，不耐高温，用于一般电子设备中，如收音机、录音机等。

（2）覆铜箔酚醛玻璃布层压板。具有质轻、电气和力学性能良好、加工方便等优点。其板面呈淡黄色，若用三氰二胺作固化剂，则板面呈淡绿色。它具有良好的透明度。主要用在工作温度较高、工作频率较高的无线电设备中作印制电路板。

（3）覆铜箔环氧玻璃布层压板。多呈青绿色并有透明感。价格较高，是孔金属化印制板常用的材料。具有较好的冲剪、钻孔性能，是电气性能和力学性能较好的材料，但价格较高。多用于工业、军用设备、计算机等高档电器。

（4）覆铜箔聚四氟乙烯层压板。介电常数低，介质损耗低，耐高温，耐腐蚀，具有良好的抗热性和电能性，用于耐高温、耐高压的电子设备中。

单元 3

第2节 印制电路板设计技巧

→ 1. 了解印制电路板的设计要求
→ 2. 了解印制电路板的设计原则

一、印制电路板设计的技术要求

印制电路板设计质量不仅关系到元器件在焊接装配、调试中是否方便，而且直接影响整机的技术性能。印制电路板的设计要力求达到正确、可靠、合理、经济。因此，在印制板设计中需掌握一些基本设计原则和技巧。

1. 印制电路板的形状和经济尺寸

印制电路板的形状由整机结构和内部空间的大小决定，外形应该尽量简单，最佳形状为矩形（正方形或长方形，长∶宽 =3∶2 或 4∶3），避免采用异形板。当印制电路板面尺寸大于 200 mm×150 mm 时，应考虑印制电路板的强度。

尺寸的大小根据整机的内部结构和板上元器件的数量、尺寸及安装、排列方式来确定，板上元器件的排列要考虑机械结构上的间距，同时还要充分考虑元器件的散热和邻近走线易受干扰等因素。

（1）面积应尽量小，面积太大则印制线条长而使阻抗增加，抗噪声能力下降，成本也高。

（2）元器件之间保证有一定间距，特别是在高压电路中，更应该留有足够的间距。

（3）要注意发热元件安装散热片占用面积的尺寸。

（4）板的净面积确定后，还要向外扩出 5～10 mm，便于印制电路板在整机中的安装固定。

确定印制电路板尺寸的方法：先把决定要安装在一块印制电路板上的集成块和其他元件全部按布局要求排列在一张纸上。排列时，要随时调整使形成印制电路板的长宽比符合或接近实际要求的长宽比。各个元件之间应空开一定的间隙，一般为 5～15 mm，有特殊要求的电路还应放宽。间隔太小，将使布线困难，元件不易散热，调试维修不方便；间隙太大，印制电路板的尺寸就大，由印制导线电阻、分布电容和电感等引起的干扰也就会增加。待全部元件都放置完毕，印制电路板的大致尺寸就知道了。如形成的印制电路板长宽比与实际要求有出入，可在不破坏布局的前提下，对长宽比进行适当的调整。

2. 印制电路板的厚度

印制电路板的标称厚度有 1.0 mm、1.5 mm、2.0 mm、2.5 mm 等。常用的是 1.5 mm 和 2 mm 两种。在考虑板厚时，主要考虑对元器件的承重和振动冲击等因素。如果板的尺寸过大或板上的元器件过重，都应该适当增加板的厚度或对印制电路板采取加固措施，否则印制电路板容易产生翘曲。当印制电路板对外通过插座连线时（见图 3—1），插座槽的间隙一般为 1.5 mm，板材过厚则插不进去，过薄则容易造成接触不良。多层板的场合可选用厚度为 0.2 mm、0.3 mm、0.5 mm 等的覆铜板。

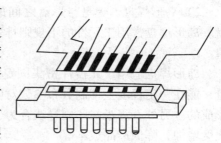

图 3—1　印制板插座连线

3. 印制电路板的焊盘

焊盘是印制在引线孔周围的铜箔部分，供焊装元器件的引线和跨接导线用。设计元器件的焊盘时，要综合考虑该元器件的形状、大小、布置形式、振动以及受热情况、受力方向等因素。

（1）焊盘的种类。焊盘的种类有圆形、椭圆形、岛形、方形、长方形、泪滴形、多边形等，如图3—2所示。对下面常用焊盘作简要介绍：

1）圆形焊盘。该焊盘与穿线孔为一同心圆。外径一般为 2～3 倍孔径。孔径大于引线 0.2～0.3 mm。设计时，若板尺寸允许，焊盘尽量大，以免焊盘在焊接过程中脱落。而且，同一块板上，一般焊盘尺寸取一致，不仅美观，而且加工工艺方便，某些特殊场合除外。圆形焊盘使用最多，尤其在排列规则和双面板设计中。

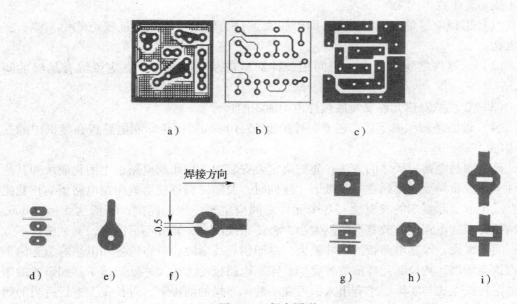

图3—2　焊盘图形
a）岛形　b）圆形　c）方形　d）椭圆形　e）泪滴形　f）开口
g）矩形　h）多边形　i）异形孔

2）岛形焊盘。焊盘与焊盘之间的连线合为一体，犹如水上小岛，故称为岛形焊盘。岛形焊盘常用于元件的不规则排列，特别是当元器件采用立式不规则固定时更为普遍。

岛形焊盘适用于元器件密集固定的情况，可大大缩短印制品导线的长度并减少数量，能在一定程度上抑制分布参数对电路造成的影响，可以说它是顺应高频电路要求而形成的。另外，焊盘与印制导线合为一体后，铜箔的面积加大，焊盘和印制导线的抗剥强度增加，降低产品成本。

3）方形焊盘。印制电路板上元器件体积大、数量少且线路简单时，多采用方形焊盘。这种形式的焊盘设计制作简单，精度要求低，容易实现。在一些手工制作的印制电路板中，只需用刀刻断或刻掉一部分铜箔即可。在一些大电流的印制电路板上也多用这种形式，它可以获得大的载流量。

4）椭圆焊盘。这种焊盘既有足够的面积增强抗剥强度，又在一个方向上尺寸较小有利于中间走线。常用于双列直插式集成电路器件或插座类元件。

特别提示

焊盘的形状还有泪滴式、开口式、矩形、多边形以及异形孔等多种，在印制电路设计中，不必拘泥于一种形式的焊盘，要根据实际情况灵活变换。

（2）焊盘的大小。圆形焊盘的大小主要取决于引线孔的直径和焊盘的外径（其他焊盘种类可参考其确定）。

1）引线孔的直径。引线孔钻在焊盘中心，孔径应该比焊接的元器件引线的直径略大一些，这样才能便于插装元器件，但是孔径也不宜过大，否则在焊接时不仅用锡量多，也容易因为元器件的活动而形成虚焊，使焊接的强度降低，同时，过大的焊点也可能造成焊盘的剥落。

元器件引线孔的直径优先采用0.5 mm、0.8 mm、1.0 mm等尺寸。在同一块印制电路板上，孔径的尺寸规格应尽量统一，要避免异型孔，以便于加工。

2）焊盘的外径。焊盘的外径一般要比引线孔的直径大1.3 mm以上，即若焊盘的外径为 D，引线孔的直径为 d，应有：$D > (d+1.3)$ mm。

在高密度的电路板上，焊盘的最小直径可以为：$D = (d+1.0)$ mm。

设计时，在不影响印制电路板的布线密度的情况下，焊盘的外径宜大不宜小，否则会因过小的焊盘外径，在焊接时造成沾断或剥落。

（3）焊盘的定位。元器件的每个引出线都要在印制电路板上占据一个焊盘，焊盘的位置随元器件的尺寸及其固定方式而改变。总的定位原则：焊盘位置应该尽量使元器件排列整齐一致，尺寸相近的元件，其焊盘间距应力求统一。这样，不仅整齐、美观，而且便于元器件装配及引线弯脚。

1）对于立式固定和不规则排列的板面，焊盘的位置可以不受元器件尺寸与间距的限制。

2）对于卧式固定和规则排列的板面，要求每个焊盘的位置及彼此间距离必须遵守一定标准。

3）对于栅格排列的版面，要求每个焊盘的位置必须在正交网格的交点上。

无论采用哪种固定方式或排列规则，焊盘的中心距离印制板的边缘一般应在2.5 mm以上，至少应该大于板的厚度。

4. 印制电路板导线宽度及间距

焊盘之间的连接铜箔即印制导线。设计印制导线时，更多要考虑的是其允许载流量和对整个电路电气性能的影响。

（1）印制导线的宽度。印制导线的宽度主要由铜箔与绝缘基板之间的黏附强度和流过导线的电流强度来决定，宽窄要适度，与整个板面及焊盘的大小相协调。一般情况下（印制板上的铜箔厚度多为0.05 mm），导线的宽度选在1~1.5 mm就完全可以满足电路的需要。印制导线最大允许工作电流见表3—1。

表3—1 印制导线最大允许工作电流

导线宽度（mm）	1	1.5	2	2.5	3	3.5	4
导线电流（A）	1	1.5	2	2.5	3	3.5	4

1）对于集成电路的信号线，导线的宽度可以选1 mm以下，甚至0.25 mm。

2）对于电源线、地线及大电流的信号线，应适当加大宽度。若条件允许，电源线和地线的宽度可以放宽到4~5 mm，甚至更宽。

只要印制电路板面积及线条密度允许，就应尽可能采用较宽的印制导线。

（2）印制导线的间距。导线之间的间距应当考虑导线之间的绝缘电阻和击穿电压在最坏的工作条件下的要求。印制导线越短，间距越大，绝缘电阻按比例增加。

导线之间距离在 1.5 mm 时，绝缘电阻超过 10 MΩ，允许的工作电压可达 300 V 以上，间距为 1 mm 时，允许电压为 200 V。一般设计中，印制导线间距最大允许工作电压见表 3—2。

表 3—2　　　　　　　　　　印制导线间距最大允许工作电压

导线间距（mm）	0.5	1	1.5	2	3
工作电压（V）	100	200	300	500	700

为了保证产品的可靠性，应该尽量使印制导线的间距不小于 1 mm。

（3）避免导线的交叉。在设计印制板时，应尽量避免导线的交叉。这一要求对于双面板比较容易实现，单面板相对要困难一些。在设计单面板时，可能遇到导线绕不过去而不得不交叉的情况，这时可以在板的另一面（元件面）用导线跨接交叉点，即"跳线""飞线"，当然，这种跨接线应尽量少。使用"飞线"时，两跨接点的距离一般不超过 30 mm，"飞线"可用 1 mm 的镀铝铜线，要套上塑料管。

（4）印制导线的形状与走向。由于印制电路板上的铜箔粘贴强度有限，浸焊时间较长会使铜箔翘起和脱落，同时，考虑到印制导线的间距，因此，对印制电路导线的形状与走向是有一定要求的。

1）以短为佳，能走捷径就不要绕远。尤其对于高频部分的布线应尽可能短且直，以防自激。

2）除了电源线、地线等特殊导线外，导线的粗细要均匀，不要突然由粗变细或由细变粗。

3）走线平滑自然为佳，避免急拐弯和尖角，拐角不得大于 90°，否则会引起印制导线的剥离或翘起，同时，尖角对高频和高电压的影响也较大。最佳的拐角形式应是平缓的过渡，即拐角的内角和外角都是圆弧。

4）印制导线应避免呈一定角度与焊盘相连，要从焊盘的长边中心处与之相连，并且过渡要圆滑。

5）有时为了使焊接点（焊盘）更加牢固，可在单个焊盘或连接较短的两焊盘上加一小条印制导线，即辅助加固导线，也称工艺线，这条线不起导电的作用。

6）导线通过两焊盘之间而不与它们连通时，应与它们保持最大且相等的间距（见图 3—3）；同样，导线之间的距离也应当均匀地相等并保持最大。

7）如果印制导线的宽度超过 5 mm，为了避免铜箔因气温变化或焊接时过热而鼓起或脱落，要在线条中间留出圆形或缝状的空白处——镂空处理（见图3—4）。

单元
3

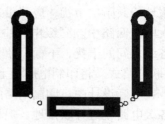

图3—3　导线通过焊盘　　　　　　　图3—4　导线中间开槽

8）尽量避免印制导线分支。

9）在板面允许的条件下，电源线及地线的宽度应尽量宽一些，即使面积紧张一般也不要小于1 mm。特别是地线，即使局部不允许加宽，也应在允许的地方加宽以降低整个地线系统的电阻。

10）布线时应先考虑信号线，后考虑电源线和地线。因为信号线一般比较集中，布置的密度比较高，而电源线和地线要比信号线宽得多，对长度的限制要小得多。

二、印制电路板设计原则

1. 抗干扰设计原则

干扰现象在整机调试和工作中经常出现，其原因是多方面的，除外界因素造成干扰外，印制电路板布置不合理，元器件安装位置不当等都可能造成干扰。这些干扰在排版设计中应事先重视，完全可以避免，否则，严重的干扰会引起设计失败。下面对印制电路板上常见的几种干扰及其抑制办法作简单的介绍。

（1）热干扰及抑制。热干扰及抑制是指由于发热元件的影响而造成温度敏感器件的工作特性变化以致整个电路电性能发生变化而产生的干扰。布设时，要找出发热元件与温度敏感元件，使发热元件处于较好的散热状态，使发热元件尽量不安装在印制电路板上，在必须安排在印制电路板上时，要配制足够的散热片，防止温度过高对周围元件产生热传导或辐射。

（2）电源干扰抑制。电子仪器的供电绝大多数是由交流市电通过降压、整流、稳压后获得。电源质量的好坏直接影响电子仪器的技术指标。而电源的质量除原理本身外，工艺布线和印制电路板设计不合理，都会产生干扰，特别是交流电源的干扰。

直流电源的布线不合理也会引起干扰。布线时，电流线不要走平行大环形线；电源线与信号线不要太近，并避免平行。

（3）地线的共阻抗干扰及抑制。几乎所有电路都存在一个自身的接地点，电路中接地点在电位的概念中表示零电位，其他电位均相对于这一点而言。在印制电路板上的地线也不能保证是零电位，而往往存在一定值，虽然电位可能很小，但由于电路的放大作用，可能产生较大的干扰。这类干扰的主要原因在于两个或两个以上的回路共用一段

单元
3

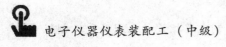

地线。

为克服地线共阻抗干扰，应尽量避免不同回路电流同时流经某一段共用地线，特别是高频和大电流回路中。同级电路中的接地处理好后，要布好整个印制电路板上的地线，防止各级之间的干扰，下面介绍几种接地方式。

1）并联分路式。将印制电路板上的几个部分地线分别通过各自地线汇总到线路的总接地点。在实际设计中，印制电路的公共地线一般设在印制电路板的边缘，并较一般导线宽，各级电路就近并联接地。但如周围有强磁场，公共地线不能构成封闭回路，以免引起电磁感应。

2）大面积覆盖接地。在高频电路中，可采用扩大印制电路板的地线面积来减少地线中的感抗，同时，可对电场干扰起屏蔽作用。

3）地线的分线。在一块印制电路板上，如布设模拟地线和数字地线，则两种地线要分开，供电也要分开，以抑制相互干扰。

（4）磁场干扰及对策。印制电路板的特点是元器件安装紧凑，连接紧密，但如设计不当，会给整机分布参数造成干扰，带来元器件相互之间的磁场干扰等。

分布参数干扰主要由于印制导线间寄生耦合的等效电感和电容造成。布设时，对不同回路的信号线尽量避免平行，双面板上的两面印制线尽量做到不平行布设。在必要的场合下，可通过采用屏蔽的方法来减少干扰。

元器件间的磁场干扰主要是由于扬声器、电磁铁、永磁式仪表、变压器、继电器等产生的恒磁场和交变磁场，对周围元件、印制导线产生干扰。布设时，尽量减少磁力线对印制导线的切割，两磁性元件相互垂直以减少相互耦合，对干扰源进行屏蔽。

2. 热设计原则

设计印制电路板，必须考虑发热元器件，怕热元器件及热敏感元器件的分布，板上位置及布线等问题。常用元器件中，电源变压器、功率器件、大功率电阻等都是发热元器件（以下均称热源），电解电容是典型怕热元件，几乎所有半导体器件都有不同程度温度敏感性，印制电路板热设计基本原则：有利散热，远离热源。具体设计中可采用以下措施：

（1）热源外置。将发热元器件移到机壳之外，直流稳压电源的调整管通常置于机外，并利用机壳（金属外壳）散热。

（2）热源单置。将发热元器件单独设计为一个功能单元，置于机内靠近边缘容易散热的位置，必要时强制通风，如同台式计算机的电源部分。

（3）热源上置。必须将发热元器件和其他电路设计在一块板上时，尽量使热源设置在印制电路板的上部，这样有利于散热且不易影响怕热元器件。

（4）热源高置。发热元件不宜贴板安装。安装时应留一定距离散热并避免印制电路板受热过度。

（5）散热方向。发热元件放置要有利于散热。

（6）远离热源。怕热元件及敏感元器件尽量远离热源，躲开散热通道。

（7）热量均匀。将发热量大的元器件置于容易降温之处，即将可能超过允许温升

单元 **3**

的器件置于空气流入口外，LSI 较 SSI 功耗大，超温则故障率高。放的位置应容易使整个电路温度下降，热量均匀。

（8）引导散热。为散热添加某些与电路原理无关的零部件。在采用强制风冷的印制电路板上，使其产生涡流而增强了散热效果。因此，人为添加了"紊流排"，在靠近元件处产生了涡流而增强散热效果。

3. 抗振设计原则

（1）要注意整个 PCB 重心平衡与稳定，重且大的元器件尽量安置在印制电路板上靠近固定端的位置，并降低重心，以提高强度和耐震、耐冲击能力，减少印制电路板的负荷和变形。

（2）重 15 g 以上的元器件，不能只靠焊盘来固定，应当使用支架或卡子加以固定。

（3）为了便于缩小体积或提高强度，可设置"辅助底板"，将一些笨重的元器件如变压器、继电器等安装在辅助底板上，并利用附件将其固定。

（4）板的最佳形状是矩形，板面尺寸大于 200 mm × 150 mm 时，要考虑板所受的强度，可以使用机械边框加固。

（5）要在印制电路板上留出固定支架、定位螺孔和连接插座所用的位置。

第3节 印制电路板设计过程及方法

→ 1. 了解印制电路板的设计过程
→ 2. 了解印制电路板的设计方法

一、印制电路板总体设计过程

1. 印制电路板设计的主要内容

印制电路板的设计现在有两种方式：人工设计和计算机辅助设计。尽管设计方式不同，设计方法也不同，但设计原则和基本思路都是一致的，都必须符合原理图的电气连接以及产品电气性能、力学性能的要求，同时，考虑印制电路板加工工艺和电子装配工艺的基本要求。下面以计算机辅助设计为例进行说明。

采用 CAD 技术的计算机辅助设计具有十分显著的优点：设计精度和质量较高，利于生产自动化；设计时间缩短、劳动强度减轻；设计数据易于修改、保存并可直接供生产、测试、质量控制用；可迅速对产品进行电路正确性检查以及性能分析。

印制电路板 CAD 软件很多，Protel 是目前较流行的一种。由澳大利亚 Protel 公司 20世纪 90 年代在著名电路设计软件 Tango 的基础上发展而来，具有强大的功能、友好的界面、方便易学的操作性能等优点。一般而言，利用 Protel 设计印制电路板最基本的过程可以分为三大步骤：

（1）电路原理图的设计。利用 Protel 的原理图设计系统所提供的各种原理图绘图工具以及编辑功能绘制电路原理图。

（2）产生网络表。网络表是电路原理图设计（SCH）与印制电路板设计（PCB）之间的一座桥梁，它是印制电路板自动设计的灵魂。网络表可以从电路原理图中获得，也可从印制电路板中提取出来。

（3）印制电路板的设计。借助 Protel 99 提供的强大功能实现印制电路板的版面设计。印制电路板图只是印制电路板制作工艺图中比较重要的一种，另外，还有字符标记图、阻焊图、机械加工图等。当印制电路板图设计完成后，这些工艺图也可相应得以确定。字符标记图因其制作方法也被称为丝印图，可双面印在印制电路板上，其比例和绘图方法与印制电路板图相同。阻焊图主要是为了适应自动化焊接而设计，由与印制电路板上全部的焊盘形状一一对应又略大于焊盘形状的图形构成。一般情况下，采用 CAD 软件设计印制电路板时字符标记图和阻焊图都可以自动生成。

2．印制电路板设计流程

印制电路板设计流程如图 3—5 所示。

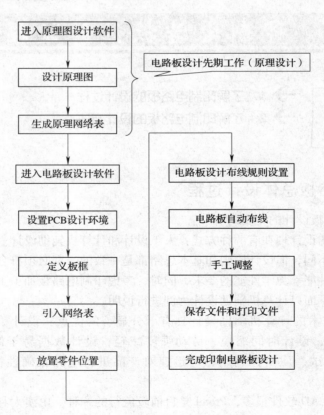

图 3—5　印制电路板设计流程

单元 3

（1）PCB 设计前的准备工作。PCB 设计前的准备工作主要是利用原理图设计工具绘制原理图，并且生成网络表。特殊情况下，如印制电路板比较简单或已经有了网络表等情况下也可以不进行原理图的设计，直接进入 PCB 设计系统，在 PCB 设计系统中，可以直接取用零件封装，人工生成网络表。

（2）进入 PCB 设计系统。根据个人习惯设置设计系统的环境参数，如格点的大小和类型、光标的大小和类型等，大多数参数都可以用系统默认值，而且这些参数经过设置之后，符合个人的习惯，以后无须再去修改。

（3）设置印制电路板的有关参数，对印制电路板的大小、印制电路板的层数等参数进行设置。

（4）引入生成的网络表。这一步是非常重要的一个环节，网络表是 PCB 自动布线的灵魂，也是原理图设计与印制电路板设计的接口，只有将网络表装入后，才能进行印制电路板的布线。网络表引入时，需要对电路原理图设计中的错误进行检查和修正。需要特别注意的是，在电路原理图设计时一般不会涉及零件封装的问题，但 PCB 设计的时候，零件封装是必不可少的。

（5）布置各零件封装的位置。正确装入网络表后，系统将自动载入零件封装，并且可以自动优化各个组件在电路板内的位置。不过自动放置组件的算法还是不够理想，即使是对于同一个网络表，在相同的印制电路板内，每次的优化位置都是不一样的，还需要手工调整各个元件的位置。

（6）进行布线规则设置。布线规则包括对安全距离、导线形式等内容进行设置，这是进行自动布线的前提。

（7）自动布线及手工调整。Protel 99 se/dxp/dxp2004 系统的自动布线功能比较完善，一般的电路图都是可以布通的。但有些线的布置并不令人满意，也需要进行手工调整。

（8）通过打印机输出或硬拷贝保存。完成印制电路板的布线后，保存完成的电路线路图文件，然后利用各种图形输出设备如打印机或绘图仪输出印制电路板的布线图。

二、印制电路板设计方法

1. 印制电路板设计步骤

设计印制电路板前，首先要确定电路方案，设计出的电路方案一般首先应进行试验验证。如果试制，这个电路原理图最好是在元件搭接试验获得了成功的基础上绘制。也就是说，整机各元件、部件已确定。对复杂设备，首先要划分好电路单元，并确定设计印制电路板的电路。此外，对元器件本身的特殊要求，如哪些元器件需要屏蔽、需要经常调整或需要经常更换，哪些印制线路需要屏蔽，对各个元器件的工作频率和工作电压以及电路工作环境条件（如温度、湿度、气压）等都应了如指掌。最后才确定印制板与整机是采用插座连接，还是用螺钉固定，以及连接件的型号规格等。在掌握了上述第一手资料后，就可着手设计印制电路板。

印制电路板的设计步骤如下：

单元 3

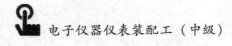

（1）选定制作印制电路板的材料。

（2）确定印制电路板的形状、尺寸和厚度。

（3）确定印制电路板对外连接的方式。

印制电路板是整机的一个组成部分，必然存在对外连接的问题。例如，印制电路板之间、印制电路板与板外元器件、印制电路板与设备面板之间，都需要电气连接。这些连接引线的总数要尽量少，并根据整机结构选择连接方式，总的原则应该使连接可靠，安装、调试、维修方便，成本低廉。

（4）确定印制电路板固定方式。印制电路板在整机中的固定方式有两种，一种采用插接件连接方式固定；另一种采用螺钉紧固：将印制电路板直接固定在基座或机壳上，这时要注意当基板厚度为 1.5 mm 时，支承间距不超过 90 mm，而厚度为 2 mm 时，支承间距不超过 120 mm，支承间距过大，抗振动或冲击能力降低，影响整机可靠性。

（5）设计印制电路板坐标图。坐标纸格子刻度为 1 mm。可借助于坐标格子，正确地表达印制板上印制图形的坐标位置。在设计和绘制坐标尺寸图时，应根据电路图并考虑元器件布局和布线要求，逐级按从输入到输出（或原理图从左至右）的顺序绘制。

典型元件是全部安装元件中在几何尺寸上具有代表性的元件。它是布置元件的基本单元，即在确定线路走向、焊盘与焊盘之间实际尺寸时，要以它的体形、引线粗细长短为标准。例如，典型元件的尺寸为 $d \times L$，在安装和布置元器件时，元器件之间外表面的距离 L 最小应为典型元件长度（不包括引线），最大可比典型元件长度大 4~5 mm。然后一一测量出特殊体型元件占用板子的面积。

在布置元件安装孔（焊盘中心孔）的位置时，各元件的安装孔的圆心必须在坐标格线上。如果安装孔呈圆弧形或圆周形布置，则圆弧或圆周形的中心必须在坐标格线的交点上，并且圆弧或圆周上必须有一个安装孔的圆心在坐标格交点上。

（6）绘制印制电路板照相原图。照相原图是根据坐标尺寸图绘制而成的。在绘制照相原图时，首先要确定该图的图形比例，如1:1（与实物大小相等）、2:1（图形是实物的两倍）和4:1。在制作印制电路板时，往往采用1:1坐标尺寸图和用描图纸绘制的1:1印制电路板图。这种图一般是直接用来制作丝网模板的，甚至是用于感光剂直接在覆铜板上"晒"出蚀刻保护膜的，因此，在绘制时必须保证线条、孔眼清晰、准确无误。

（7）绘制印制电路板机械加工图。机械加工图为制造模具以及印制加工和钳工装配时提供正确无误的尺寸。图上必须注明所有加工尺寸及其公差。绘制时，应注明印制电路板的正面和反面，以防出现差错。

（8）绘制印制电路板的装配图（焊接图）。印制电路板装配图要清楚地表示各元器件的安装位置，以及跨接导线的来龙去脉，使安装者和修理者十分方便地把元器件和印制导线连接起来，并能认清元器件的位置，以便安装和修理。对于单面印制电路板而言，通常以安装元器件的一面为印制电路板的正视图。在该图中标示出元器件的安装位

单元
3

置，同时，用浅红、浅蓝或浅绿色（书刊是黑白印刷，则印制导线不涂黑，而是用小黑点代表实线）表示出背面的印制导线图形。如果是双面印制电路板，则应分别绘出正面和背面两个视图。

2. 元器件布局的方法

（1）元器件的布设方式。在印制电路板的排版设计中，元器件的布设是至关重要的，不仅决定了板面的整齐美观程度以及印制导线的长度和数量，对整机的性能也有一定的影响。

元件的布设应遵循以下几点原则：

1）元件在整个板面上的排列要均匀、整齐、紧凑。单元电路之间的引线应尽可能短，引出线的数目尽可能少。

2）元器件不要占满整个板面，注意板的四周要留有一定的空间。位于印制电路板边缘的元件距离板的边缘应该大于 2 mm。

3）每个元件的引脚要单独占一个焊盘，引脚不允许相碰。

4）对于通孔安装，无论单面板还是双面板，元器件一般只能布设在板的元件面上，不能布设在焊接面。

5）相邻的两个元件之间要保持一定的间距，以免元件之间的碰接。个别密集的地方须加装套管。若相邻的元器件的电位差较高，要保持不小于 0.5 mm 的安全距离。

6）元器件的布设不得立体交叉和重叠上下交叉，避免元器件外壳相碰。

7）元器件的安装高度要尽量低，一般元件体和引线离开板面不要超过 5 mm，过高则承受振动和冲击的稳定性较差，容易倒伏，与相邻元器件碰接。如果不考虑散热问题，元器件应紧贴板面安装。

8）根据印制电路板在整机中的安装位置及状态，确定元件的轴线方向。规则排列的元器件应使体积较大的元器件的轴线方向在整机中处于竖立状态，这样可以提高元器件在板上的稳定性。

（2）元器件的安装方式。在将元件按原理图中的电气连接关系安装在电路板上之前，事先应通过查资料或实测元件，确定元件的安装数据，这样再结合板面尺寸的面积大小，便可选择元器件的安装方式了。

在印制电路板上，元器件的安装方式可分为立式与卧式两种：

1）立式安装。立式固定的元器件占用面积小，单位面积上容纳元器件的数量多。这种安装方式适合于元器件排列密集紧凑的产品。立式安装的元器件要求体积小、质量轻，过大、过重的元器件不宜使用。

2）卧式安装。与立式安装相比，元器件具有机械稳定性好、板面排列整齐等优点。卧式安装使元器件的跨距加大，两焊点之间容易走线，对导线布设十分有利。无论选择哪种安装方式进行装配，元器件的引线都不要齐根弯折，应该留有一定的距离，不少于 2 mm，以免损坏元件。元器件的装配如图 3—6 所示。

（3）元器件的排列格式。元器件在印制电路板上的排列格式与产品种类和性能要求有关，通常有不规则排列、规则排列以及栅格排列三种。

单元

3

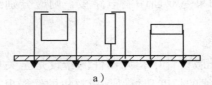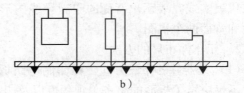

a）　　　　　　　　　　　　　　b）

图 3—6　元器件的装配
a）错误　b）正确

1）不规则排列。不规则排列也称为随机排列。元器件的轴线方向彼此不一致，在板上的排列顺序也没有一定规则。采用这种方式排列的元器件看起来显得杂乱无章，但由于元器件不受位置与方向的限制，印制导线布设方便，可以缩短、减少元器件的连线，降低了板面印制导线的总长度。这对于减少线路板的分布参数、抑制干扰很有好处，特别对于高频电路极为有利。此方式一般还在立式安装固定元器件时被采纳。

2）规则排列。规则排列也称为坐标排列。采用规则排列时元器件的轴线方向排列一致，并与板的四边垂直、平行。这种排列格式美观、易装焊并便于批量生产。

除了高频电路之外，一般电子产品中的元器件都应当尽可能平行或垂直地排列，卧式安装固定元器件的时候，更要以规则排列为主。此方式特别适用于版面相对宽松、元器件种类相对较少而数量较多的低频电路。电子仪器中的元器件常采用这种排列方式。元器件的规则排列在一定程度上要受到方向和位置的限制，印制电路板上导线的布设要复杂一些，导线的长度也会相应增加。

3）栅格排列。栅格排列也称为网格排列。栅格排列与规则排列相似，但要求焊盘的位置一般要在正交网格的交点上。这种排列格式整齐美观、便于测试维修，尤其利于自动化设计和生产。栅格为等距正交网格，在国际 IEC 标准中栅格格距为 2.54 mm（0.1 英寸）＝1 个 IC 间距。对于计算机自动化设计和元器件自动化焊装，这一格距标准有着十分重要的实际意义。

元器件的排列方式如图 3—7 所示。

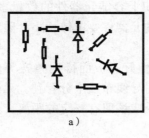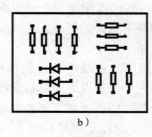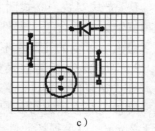

a）　　　　　　　　　　b）　　　　　　　　　c）

图 3—7　元器件的排列方式
a）不规则排列　b）规则排列　c）栅格排列

単元 **3**

特别提示

　　绝大多数小功率阻容抗元件和晶体管器件的管脚是柔软可弯折的，而大功率的电位器和晶体管以及集成电路芯片的管脚是不允许弯折的，其管脚间距均为 IC 间距的整数倍。

第 4 节　手工制板

➡ 1. 了解手工制板的流程

➡ 2. 手工制板实例

　　在产品研制阶段或科技创作活动中往往需要制作少量印制电路板，进行产品性能分析试验或制作样机，从时间性和经济性的角度出发，往往需要采用手工制板的方法。

一、手工制板流程

1. 手工制板流程

　　手工制板有描图蚀刻法、贴图蚀刻法、转印蚀刻法以及雕刻法等多种制作方法，下面以描图蚀刻法为例，对手工制板的流程加以简要说明。

　　描图蚀刻法是一种十分常用的制板方法。由于最初使用调和漆作为描绘图形的材料，所以也称漆图法。具体制作流程如下：

　　（1）下料。按实际设计尺寸剪裁覆铜板（剪床、锯割均可），去四周毛刺。

　　（2）覆铜板的表面处理。由于加工、储存等原因，覆铜板的表面会形成一层氧化层。氧化层会影响底图的复印，因此，在复印底图前应将覆铜板表面清洗干净，具体方法：用水砂纸蘸水打磨，用去污粉擦洗，直至将底板擦亮为止，然后用水冲洗，用布擦干净后即可使用。这里切忌用粗砂纸打磨，否则会使铜箔变薄，且表面不光滑，影响描绘底图。

　　（3）拓图（复印印制电路）。所谓拓图，即用复写纸将已设计好的印制电路板排版草图中的印制电路拓在已清洁好的覆铜板的铜箔面上。注意：复印过程中，草图一定要与覆铜板对齐，并用胶带纸黏牢。拓制双面板时，板与草图应由 3 个不在一条直线上的点定位。

　　复写时，描图所用的笔的颜色（或品种）应与草图有所区别，这样便于区分已描过的部分和没描过的部分，防止遗漏。复印完毕，要认真复查是否有错误或遗漏，复查

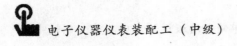

无误后再把草图取下。

（4）钻孔。拓图后检查焊盘与导线是否有遗漏，然后在板上打样冲眼，以打样冲眼定位焊盘孔：用小冲头对准要冲孔的部位（焊盘中央）打上一个一个的小凹痕，便于以后打孔时不至于偏移位置。打孔时钻床转速应取高速，钻头刃应锋利。进刀不宜过快，以免将铜箔挤出毛刺，并注意保持导线图形清晰。清除孔的毛刺时不要用砂纸。

（5）描图（描涂防腐蚀层）。为能把覆铜板上需要的铜箔保存下来，就要将这部分涂上一层防腐蚀层，也就是说在所需要的印制导线、焊盘上加一层保护膜。这时，所涂出的印制导线宽度和焊盘大小要符合实际尺寸。

（6）修图。描好后的印制板应平放，让板上的描图液自然干透，同时，检查线条和焊盘是否有麻点、缺口或断线，如果有，应及时填补、修复。再借助直尺和小刀将图形整理一下，沿导线的边沿和焊盘的内外沿修整，使线条光滑，焊盘圆滑，以保证图形质量。

（7）蚀刻（腐蚀电路板）。三氯化铁（$FeCl_3$）是腐蚀印制电路板最常用的化学药品，用它配制的蚀刻液一般浓度在 28% ~ 42% 之间，即用 2 份水加 1 份三氯化铁。配制时在容器里先放入三氯化铁，然后放入水，同时不断搅拌。将描修好的板子浸没到溶液中，控制在铜箔面正好完全被浸没为限，太少不能很好地腐蚀电路板，太多容易造成浪费。

在腐蚀过程中，为了加快腐蚀速度，要不断轻轻晃动容器和搅动溶液，或用毛笔在印制电路板上来回刷洗，但不可用力过猛，防止漆膜脱落。如嫌速度太慢，也可适当加大三氯化铁的浓度，但浓度不宜超过 50%，否则会使板上需要保存的铜箔从侧面被腐蚀；另外也可通过给溶液加温来提高腐蚀速度，但温度不宜超过 50℃，太高的温度会使漆层隆起脱落以致损坏漆膜。

（8）去膜。用热水浸泡后即可将漆膜剥落，未擦净处可用稀料清洗，或者也可用水砂纸轻轻打磨去膜。漆膜去净后，用碎布蘸去污粉或反复在板面上擦拭，去掉铜箔氧化膜，露出铜的光亮本色。为使板面美观，擦拭时应固定顺某一方向，这样可使反光方向一致，看起来更加美观。擦后用水冲洗、晾干。

（9）修板。将腐蚀好的印制电路板再一次与原图对照，用刀子修整导线的边沿和焊盘的内外沿，使线条光滑，焊盘圆滑。

（10）涂助焊剂。涂助焊剂的目的是便于焊接、保护导电性能、保护铜箔、防止产生铜绣。

防腐助焊剂一般用松香、酒精按 1:2 的体积比例配制而成：将松香研碎后放入酒精中，盖紧盖子搁置一天，待松香溶解后方可使用。

必须对印制电路板的表面做清洁处理，晾干后再涂助焊剂：用毛刷、排笔或棉球蘸上溶液均匀涂刷在印制电路板上，然后将板放在通风处，待溶液中的酒精自然挥发后，印制电路板上就会留下一层黄色透明的松香保护层。

另外，防腐助焊剂还可以使用硝酸银溶液。

单元 3

2．手工制板与自动化制板

印制电路板的制作可分为工业自动化制板和手工制板，工艺流程和产品质量有一定差异，但制作的机理即印制电路的形成方式是一样的。不同条件、不同规模的制造厂采用的工艺技术不尽相同，当前的主流仍然是利用减成法（铜箔蚀刻法）制作印制电路板。实际生产中，专业工厂一般采用机械化和自动化制作印制电路板，要经过几十个工序。以双面印制电路板制作为例。

双面印制板的制作工艺流程一般包括如下几个步骤：

制作生产底片→选材下料→钻孔→清洗→孔金属化→贴膜→图形转换→金属涂覆→去膜蚀刻→热熔和热风整平→外表面处理→检验。

（1）制作生产底片。将排版草图进行必要的处理，如焊盘的大小、印制导线的宽度等按实际尺寸绘制出来，就是一张可供制板用的生产底片（黑白底片）。工业上常通过照相、光绘等手段制作生产底片。

（2）选材下料。按板图的形状、尺寸进行下料。

（3）钻孔。将需钻孔位置输入计算机用数控机床来进行，这样定位准确、效率高，每次可钻3～4块板。

（4）清洗。用化学方法清洗板面的油腻及化学层。

（5）孔金属化。孔金属化即对连接两面导电图形的孔进行孔壁镀铜。孔金属化的实现主要经过"化学沉铜""电镀铜加厚"等一系列工艺过程。在表面安装高密度板中这种金属化孔采用沉铜充满整个孔（盲孔）的方法。

（6）贴膜。为了把照相底片或光绘片上的图形转印到覆铜板上，要先在覆铜板上贴一层感光胶膜。

（7）图形转换。图形转换也称图形转移，即在覆铜板上制作印制电路图，常用丝网漏印法或感光法。

1）丝网漏印法是在丝网上黏附一层漆膜或胶膜，然后按技术要求将印制电路图制成镂空图形，漏印时只需将覆铜板在底板上定位，将印制料倒在固定丝网的框内，用橡皮板刮压印料，使丝网与覆铜板直接接触，即可在覆铜板上形成由印料组成的图形，漏印后需烘干、修板。

2）直接感光法是把照相底片或光绘片置于上胶烘干后的覆铜板上，一起置于光源下曝光，光线通过相板，使感光胶发生化学反应，引起胶膜理化性能的变化。

（8）金属涂覆。金属涂覆属于印制电路板的外表面处理之一，即为了保护铜箔、增加可焊性和抗腐蚀抗氧化性，在铜箔上涂覆一层金属，其材料常用金、银和铅锡合金。涂覆方法可用电镀或化学镀两种。

（9）去膜蚀刻。蚀刻是用化学方法或电化学方法去除基材上的无用导电材料，从而形成印制图形的工艺。常用的蚀刻溶液为三氯化铁（$FeCl_3$）溶液，它蚀刻速度快，质量好，溶铜量大，溶液稳定，价格低廉。常用的蚀刻方式有浸入式、泡沫式、泼溅式、喷淋式等几种。

（10）热熔和热风整平。镀有铅锡合金的印制电路板一般要经过热熔和热风整平工艺。

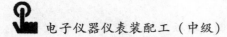

（11）外表面处理。在密度高的印制电路板上，为使板面得到保护，确保焊接的准确性，在需要焊接的地方涂上助焊剂，在不需要焊接的地方印上阻焊层，在需要标注的地方印上图形和字符。

（12）检验。对于制作完成的印制电路板，除了进行电路性能检验外，还要进行外形表面的检查。电路性能检验有导通性检验、绝缘性检验以及其他检验等。

二、手工制作简单稳压电源印制电路板

手工制作简单稳压电源印制电路板可分为两部分，一是前期设计准备，二是后期制作。

1. 前期设计准备

前期的设计准备可归纳为确定电路、确定印制板的尺寸、元器件布局以及绘制印制电路板图等几步。

（1）选定电路原理图。许多电子线路已经很成熟，有典型的电路形式和元器件种类可供选择，不必再做验证，可直接采用。本例的稳压电源电路比较简单，主要由整流、滤波以及稳压三部分组成，其电路原理如图3—8所示。

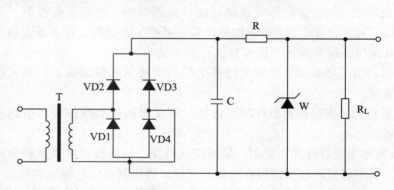

图3—8　整流稳压电源电路原理图

（2）定出印制电路板的形状、尺寸。印制电路板的形状、尺寸往往受整机及外壳等因素的制约。在本例中，稳压电源中电源变压器体积太大，不适合安装在印制电路板上（只考虑它占用一定的机壳内的空间），这样印制电路板的形状、尺寸就相对大致确定了。

（3）印制电路板上排列元器件。本例中，元器件的排列采用规则排列。

1）印制电路板上留出安装孔位置。

2）按电路图中各个组成部分从左到右排列元件，注意间隔均匀（见图3—9）。先排整流部分的元件（VD1、VD2、VD3、VD4），四个二极管平行排列；再排滤波部分（电容C、电阻R）、稳压管W及取样电阻RL。

（4）绘制印制电路板图（排版草图）。用相对应的单线不交叉图（见图3—10）做参照，绘制出排版草图（见图3—11）。

单元
3

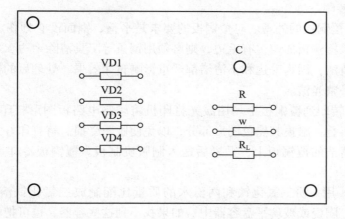

图 3—9　整流稳压电源印制电路板元器件的安排

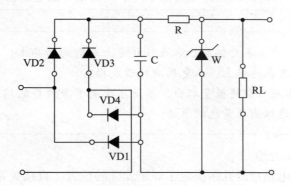

图 3—10　整流稳压电源电路单线不交叉

单元

3

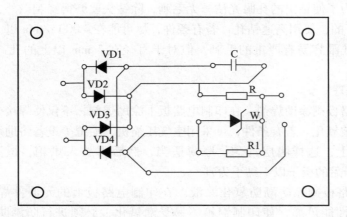

图 3—11　整流稳压电源印制电路板图

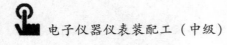

2. 后期制作

（1）图形转印

1）转印前覆铜板的处理。对覆铜板的要求是平整、铜面没有划伤、上面和下面要干净清洁。如果覆铜板的四边有毛边，则必须用锯条等工具清除毛边，不清洁的要用汽油或酒精进行清洁，因为毛边和不清洁都严重影响转印效果。处理后的覆铜板用手摸时正反面都应该平整光洁。

2）将图形转印到覆铜板上。用激光打印机将印制电路板图形打印在热转印纸上。打印后，不要折叠、触摸其黑色图形部分，以免使版图受损。将打印好的热转印纸覆盖在已做过表面清洁的覆铜板上，贴紧后送入制版机制板。覆铜板冷却后，揭去热转印纸。

（2）腐蚀。用一份三氯化铁和两份水的质量比配制成三氯化铁溶液——腐蚀液。把它倒入塑料、陶瓷或玻璃平盘容器中。如果找不到这些容器，也可把塑料薄膜垫在合适的容器（纸盒、木盒、金属容器等）中代用。把图形转印后的印制电路板放入盛有腐蚀液的容器中。待裸露的铜箔完全腐蚀干净后，取出印制电路板。

特别提示

1. 在腐蚀过程中，不要把腐蚀溶液溅到身上或别的物品上，而且不能把用过的溶液倒入下水道或泼在地板上，以免因腐蚀造成损害。

2. 蚀刻完成后应立即将板子取出，用清水冲洗干净残存的腐蚀液，否则这些残液会使铜箔导线的边缘出现黄色的痕迹。

（3）钻孔及表面处理

1）钻孔。印制电路板的孔眼决定了焊装元件的位置，直接关系到安装的质量，因此，要求按图纸所标尺寸钻孔。孔眼必须钻得正，不能有偏歪现象。否则元件安装歪斜，甚至装不下去。

钻孔时，为了使钻出的孔眼光洁，无毛刺，除钻头要磨得锋利以外，凡是元件孔直径在 2 mm 以下的，要用高速钻孔，若有条件，尽可能在 4 000 r/min 以上。如果转速过低，钻出来的孔眼容易有严重的毛刺。但对于直径在 3 mm 以上的孔，转速应相应降低。

2）表面处理

①印制电路板刷涂助焊剂。在印制电路板上涂助焊剂，不仅使焊接方便，而且可保护线路铜箔不被氧化。若有条件，可采用空气压缩机、喷枪等设备将助焊剂均匀地喷涂在印制电路板上，这样膜层均匀，厚薄适当，然后再放入烘箱，恒温 70℃烘 20 ~ 30 min。经烘干后的板子以不黏手为宜

②印制电路板刷涂防潮防氧化涂液。在印制电路板上的元器件焊接完成后，为了确保其电气性能可靠，使印制铜箔不易受潮氧化，必须进行防潮防氧化处理。在业余条件下，可用小毛刷蘸酒精，对印制电路板进行清洗，晾干后再涂防潮防氧化涂液。

单元测试题

1. 什么是印制电路板？
2. 简述印制电路板在电子设备中的功能。
3. 简述印制电路板的分类。
4. 按增强材料不同，基材可以分为哪些种类？
5. 线路设计时焊盘的形状设计有哪些？
6. 简述确定印制电路板尺寸的方法。
7. 元件的布设应遵循哪些原则？
8. 简述采用描图蚀刻法手工制板的制作流程。

单元测试题答案（略）

单 元

3

第

4

单元

技术资料

从事仪器仪表装配工作离不开各种各样的技术资料，主要包括各种零部件图、电路图、方框图、逻辑图、流程图等，以及各种技术表格、文字。这些图、文、表统称为技术文件。

第1节　复杂零部件图

→ 1. 能看懂产品零部件图
→ 2. 掌握常用零部件的识图方法

一、组合体视图

1. 组合体的组合形式

组合体是由一些常见的基本几何体采用叠加、切割或两者综合的方式形成的形体，如图4—1所示。

a)　　　　　　　b)　　　　　　　c)

图4—1　组合体的组合形式

a）叠加型　b）切割型　c）综合型

2. 组合体的表面连接关系

（1）共面与不共面。当两形体邻接表面共面时，在共面处没有分界线（已形成一个平面）；当两形体邻接表面不共面时，两形体的投影间应有线分开，如图4—2所示。

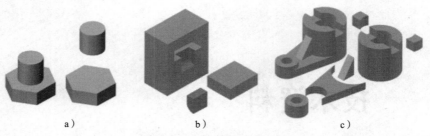
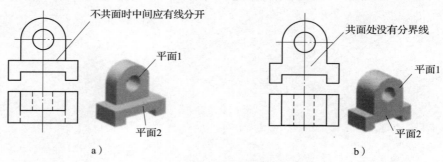

不共面时中间应有线分开

共面处没有分界线

平面1

平面2

平面1

平面2

a）　　　　　　　　　　　　b）

图4—2　两表面共面与不共面

a）不共面　b）共面

（2）相切。当两形体邻接表面相切时，由于相切是光滑连接，所以相切处没有投影线。

（3）相交。当两形体相交时，其相邻表面必产生交线，在相交处应画出交线的投影。

连接表面的相切与相交如图4—3所示。

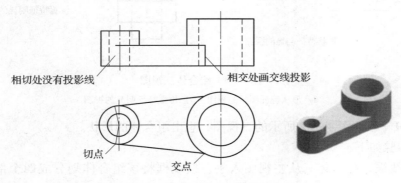

图4—3　连接表面的相切与相交

3．读组合体视图的基本方法

（1）形体分析法。形体分析法是根据组合体的特点，将其分解成若干个基本几何体，弄清各基本几何体的形状并确定它们之间的相互位置和组合形式，最后综合起来想出整个物体形状的读图方法。

读图时需要注意以下两点：

1）要把几个视图联系起来进行分析。仅看一个视图不能确定物体的形状，必须将几个视图联系起来分析。几个俯视图相同的物体如图4—4所示。

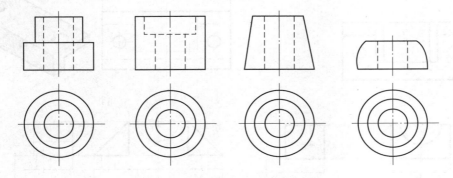

图4—4　几个俯视图相同的物体

2）注意抓特征视图。在基本形体的三个视图中，一般有一个视图明显反映物体的形状特征，该视图是形状特征视图，如图4—5a所示的主视图是该形体的形状特征视图；在组合体的三视图中，一般有一个视图明显反映该物体各组成部分间的相互位置关系，该视图就是位置特征视图，如图4—5b所示的左视图明显地反映出该形体的位置特征。

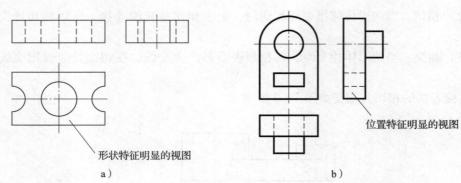

形状特征明显的视图

位置特征明显的视图

a）   b）

图4—5　组合体三视图

a）形状特征明显的视图　b）位置特征明显的视图

例4—1　读如图4—6a所示的三视图，想出组合体的形状。

读图步骤如下：

1）划线框，分形体。从主视图入手，按线框将该组合体划分成四个部分，如图4—6a所示。

2）对投影，想形状。按照三视图的投影规律，分别找出每一线框所对应的另外两个投影，三个视图联系起来想出每个基本体的形状，如图4—6b、图4—6c、图4—6d所示，图4—6e是组合体的分解图。

单元
4

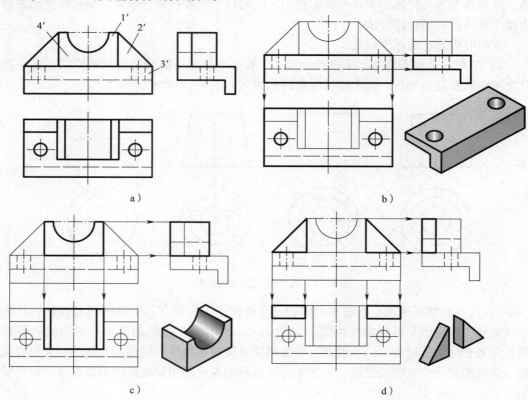

a）   b）

c）   d）

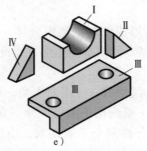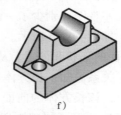

图4—6　形体分析法读图步骤

a）三视图　b）形体Ⅲ的投影分析　c）形体Ⅰ的投影分析
d）形体Ⅱ、Ⅳ的投影分析　e）组合体分解　f）组合体立体图

3）合起来，想整体。确定四个基本体间的位置关系及表面连接关系，综合起来想象出该组合体的形状，如图4—6f所示。

（2）线面分析法。读图时，对比较复杂组合体中不易读懂的部分，还常应用线面分析法来帮助想象和读懂某些局部的形状。

线面分析法就是分析视图中每一线框、每一条投影线的含义。每个封闭的线框一般表示物体上一个面的投影；相邻两个封闭线框则表示物体上不同位置面的投影。视图中每一条线可表示垂直面（平面或曲面）的投影、面与面交线的投影及曲面转向轮廓线的投影。

例4—2　读如图4—7a所示的三视图，想出组合体形状。

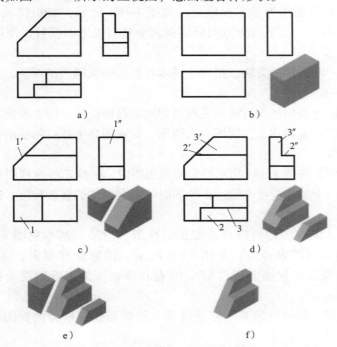

图4—7　线面分析法读图步骤

a）三视图　b）主体为长方体　c）切去三角块　d）切去梯形体　e）两次切割　f）组合体形状

读图步骤如下：

1）初步判断主体形状。该物体是经切割后形成的切割类组合体。从三个视图的外轮廓看，主视图、左视图分别少了一部分，但基本线框都是矩形，据此可判断该物体的主体应是长方体，如图4—7b所示。

2）确定切割面的形状和位置。从主视图的线框看，少了左上角。根据1、1′、1″三个线框的投影对应关系可知，长方体是被一个正垂面切下去了一个三角块，如图4—7c所示。从左视图看，该长方体的前面、上半部分被两个平面切割，由线框2、2′、2″及3、3′、3″的投影对应关系可知，该切割处是由一个水平面和一个正平面切割而成，切去了一个梯形块，如图4—7d所示。

3）想象整体形状。综合归纳各切割平面的形状和位置，想出物体的整体形状，如图4—7e、图4—7f所示。

二、机件常用的表达方法

1. 视图

视图是按照有关国家标准和规定，用正投影法绘制的图形。视图主要用来表达机件的外部结构形状，一般只画机件的可见部分，必要时才画出其不可见部分。

视图通常分为基本视图、向视图、局部视图和斜视图四种。

（1）基本视图。机件向基本投影面投射所得视图称为基本视图。国家标准规定，采用正六面体的六个面作为基本投影面，如图4—8a所示，将机件放在正六面体中，由前、后、左、右、上、下六个方向分别向六个基本投影面投射，便得到六个基本视图。

按照如图4—8b所示的方法，把六个基本投影面展成同一平面后，六个基本视图的配置关系如图4—8c所示。

六个基本视图之间仍然保持着与三视图相同的投影规律，即主视图、俯视图、仰视图、后视图长对正；主视图、左视图、右视图、后视图高平齐；俯视图、左视图、仰视图、右视图宽相等。

在同一图样中，按图4—8c所示位置配置视图时，一律不标注视图的名称。不是任何机件都需要用六个基本视图来表达，绘图时可根据机件的复杂程度，选用其中必要的几个基本视图。

（2）向视图。向视图是可以自由配置的视图。当某一基本视图不能按投影关系配置时，可以用向视图来表示，如图4—9所示。国家标准规定，在向视图的上方应用大写拉丁字母注出视图名称"X"，并在相应视图的附近用箭头指明投射方向，并注上相同的字母。

（3）局部视图。将机件的某一部分向基本投影面投射所得的视图称为局部视图，如图4—10所示。

当采用一定数量的基本视图后，机件的主要结构形状已表达清楚，但仍有部分结构形状尚未表达清楚，又没有必要画出整个基本视图时，可以采用局部视图来表达。

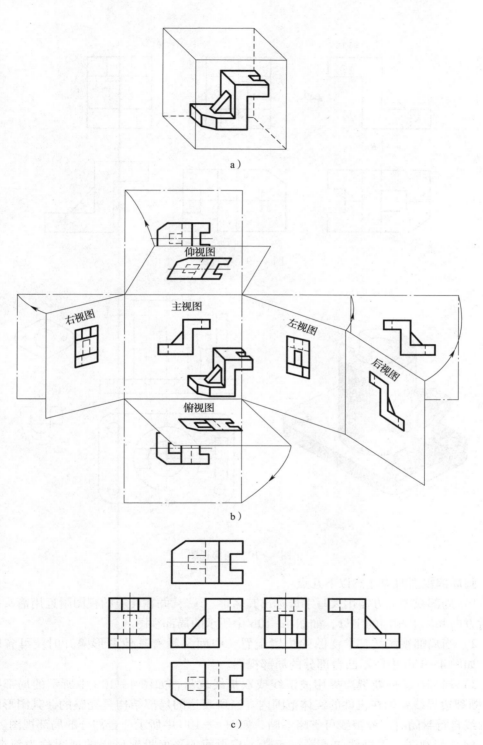

图 4—8 六个基本视图

a）六个基本投影面 b）六个基本投影面的展开方式 c）六个基本视图的配置关系

单元
4

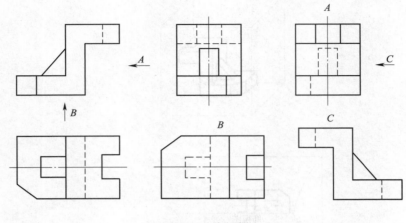

图4—9　向视图

单元
4

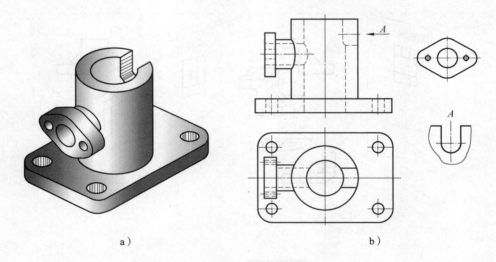

a)　　　　　　　　　　　　　　b)

图4—10　局部视图

画局部视图时应注意以下几点：

1）局部视图上方需用大写字母标出其名称"X"，并在相应的视图附近用箭头指明投射方向并注上相同的字母，如图4—10b中所示的局部视图A。

2）当局部视图按基本视图的位置配置，中间又没有其他图形隔开时，可省略标注，如图4—10b中所示凸台部分的局部视图。

3）局部视图的断裂边界用波浪线或双折线表示，如图4—10b中所示的局部视图A。断裂边界线要画在机件的实体范围内。当所表达的局部结构是完整的，其图形的外轮廓线自行封闭时，波浪线可省略不画，如图4—10b中所示凸台部分的局部视图。

（4）斜视图。将机件向不平行于基本投影面的平面投射所得的视图称为斜视图。斜视图的形成及画法如图4—11所示。

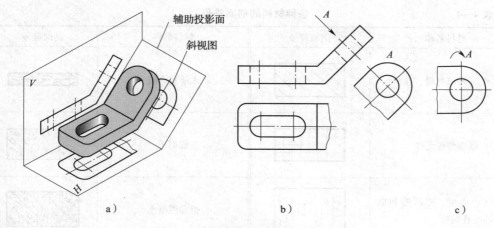

图4—11 斜视图的形成及画法

斜视图主要用于表达机件上的倾斜结构，画出倾斜结构的实形后，其余部分不必全部画出，可用波浪线或双折线断开，如图4—11b所示的 A 向斜视图。

斜视图一般按向视图的配置形式配置和标注，必要时允许将斜视图旋转到水平位置配置，此时应加注旋转符号，如图4—11c所示，旋转符号的方向应与图形的旋转方向一致。

2. 剖视图

（1）剖视图的形成。假想用剖切面剖开机件，将处在观察者与剖切面之间的部分移去，将其余部分向投影面投射所得的图形称为剖视图，简称剖视，如图4—12所示。

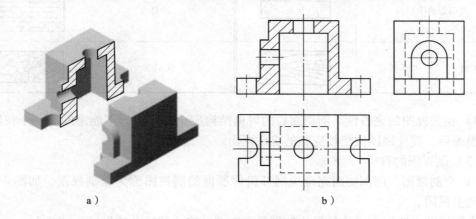

图4—12 剖视图的形成

（2）剖视图的画法

1）剖切位置。剖切面（多为平面）应尽量通过内部孔、槽等结构的轴线或对称平面，并平行于选定的投影面。

2）剖面符号。剖切面与机件的接触部分上要画出剖面符号。国家标准规定了各种材料的剖面符号，见表4—1。其中，金属材料的剖面符号为一组互相平行、间隔均匀、与水平线成45°的平行线。

表 4—1   各种材料的剖面符号

材料名称	剖面符号	材料名称	剖面符号
金属材料	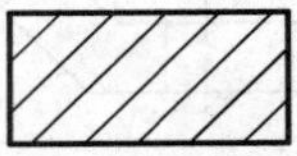	木质胶合板	
线圈绕组元件	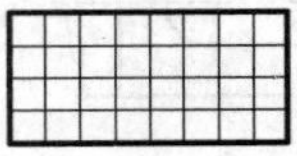	混凝土	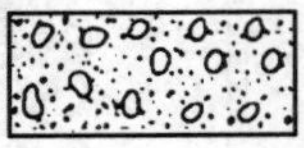
转子、电枢、变压器和电抗器等的叠钢片	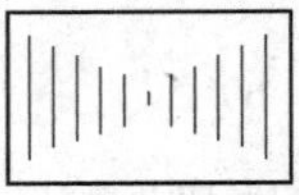	钢筋混凝土	
非金属材料（已有规定剖面符号的除外）	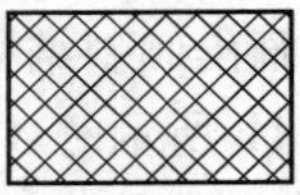	格网（筛网、过滤网等）	
型砂、填砂、砂轮、粉末冶金、陶瓷刀片、硬质合金刀片等	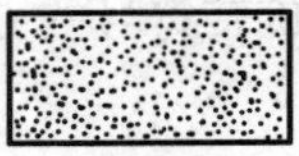	砖	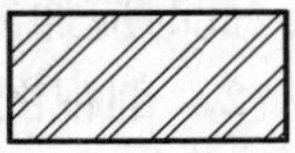
玻璃等透明材料		液体	
木材　纵剖面		横剖面	

3）相关视图的完整性。剖切面后的可见结构应全部画出，不能遗漏。一个视图画成剖视图后，其他视图应仍按完整的机件画出。

（3）剖视图的种类

1）全剖视图。用剖切面完全地剖开机件所得的剖视图称为全剖视图，如图 4—12 所示的主视图。

全剖视图一般用于表达外形比较简单而内部结构比较复杂的机件。

2）半剖视图。当机件具有对称平面时，向垂直于对称平面的投影面上投射所得到的图形，以对称中心线为界，一半画成视图，另一半画成剖视图，这种图形称为半剖视图，如图 4—13b 所示。

半剖视图可在同一个视图上同时表达物体的内外结构，故常用于表达内外结构都比较复杂的对称机件。画半剖视图时应注意以下问题：

①半个视图与半个剖视图的分界线用细点画线表示，而不能画成粗实线。

②在半个剖视图中已表达清楚的内部结构，在另一半表达外形的视图中一般省略不画。

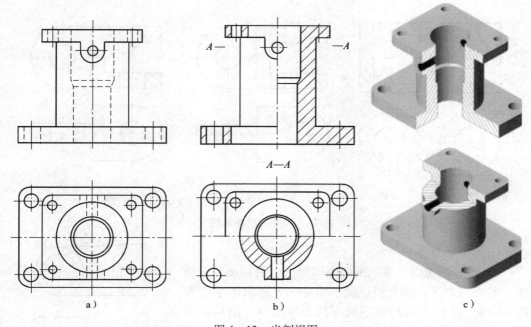

图4—13 半剖视图

a）三视图 b）半剖视图 c）立体图

3）局部剖视图。用剖切面局部地剖开机件得到的剖视图称为局部剖视图，如图4—14所示。局部剖视图既表达了机件的内部结构，又保留了机件的部分外形，其剖切范围可根据需要而定，是一种很灵活的表达方法。

单元
4

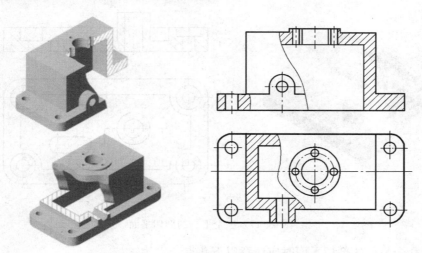

图4—14 局部剖视图

局部剖视图以波浪线分界。波浪线应画在机件的实体上，不能超出实体轮廓线，也不能与轮廓线重合，如图4—15所示；当被剖切结构为回转体时，可以将该结构的轴线作为局部剖视图与视图的分界线，如图4—16所示。

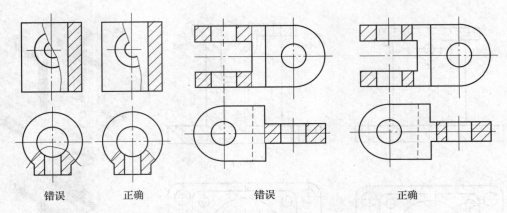

错误　　　　　正确　　　　　　错误　　　　　　　正确

图4—15　局部剖视图示例（一）

单元

（4）剖切方法

1）单一剖切面。单一剖切面即用一个剖切面剖开机件。图4—12所示的全剖视图、图4—13所示的半剖视图和图4—14所示的局部剖视图均为采用单一剖切面的剖切方法得到的剖视图。

2）几个平行的剖切平面。用几个互相平行的剖切平面将机件剖开，如图4—17所示，可以用来表达位于几个互相平行平面上的机件内部结构。

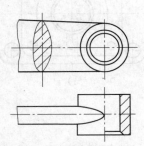

图4-16　局部剖视图示例（二）

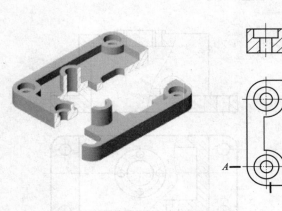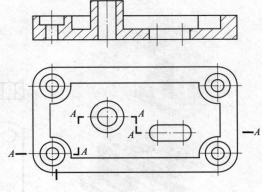

图4—17　三个平行的剖切平面

采用几个平行的剖切平面时应注意以下几点：

①剖视图中不应画出剖切平面转折处的投影，如图4—18所示。

②剖视图中不应出现不完整的结构要素，如图4—18所示。但当两个要素在图形上具有公共对称中心线或轴线时，可以对称中心线或轴线为界各画一半，如图4—19所示。

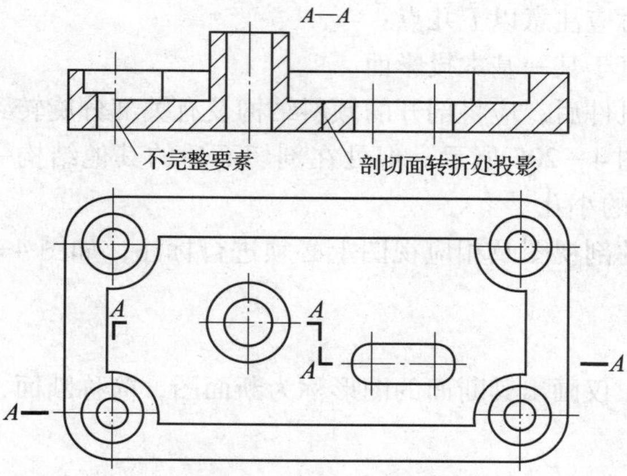

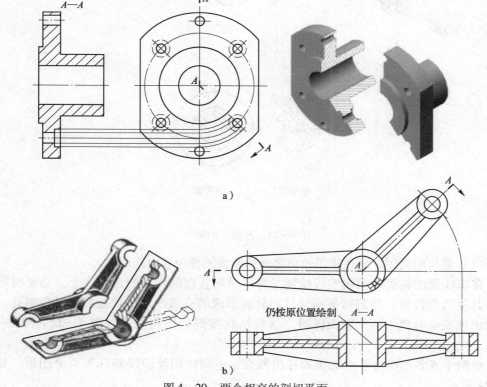

图4—18　几个平行的剖切平面
　　　　剖切后常见的错误

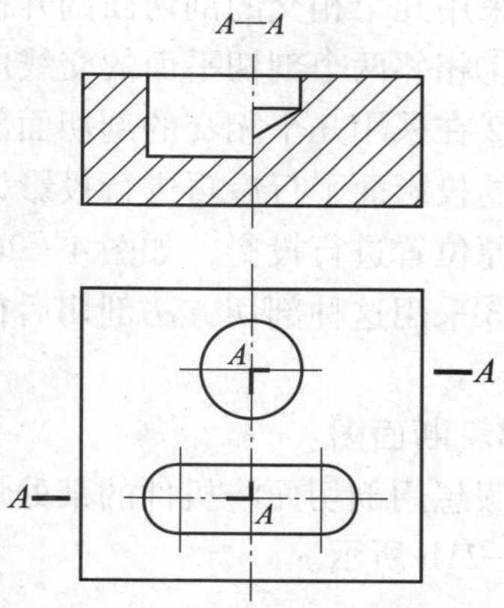

图4—19　具有公共对称中
　　　　线的剖视图

③必须在剖切平面的起始、转折和终止处用剖切符号表示剖切位置，并标注相同的字母。

3）几个相交的剖切面。绘制剖视图时，如果机件的内部结构分布在几个相交的平面上，且机件本身有明显的回转轴线，可以用几个相交的剖切平面剖开机件，如图4—20a、图4—20b 所示的 A—A 图为采用两个相交的剖切平面剖开机件后得到的剖视图。

单元
4

a）

b）

图4—20　两个相交的剖切平面

采用几个相交的剖切面剖开机件时应注意以下几点：

①相邻两个剖切平面的交线应垂直于某一基本投影面。

②在采用几个相交的剖切面剖开机件后，应将剖开的倾斜结构及有关部分旋转到与选定的投影面平行后再进行投影，如图4—20b所示。但处在剖切面后的其他结构一般仍按原位置进行投影，如图4—20b中的小孔。

③采用这种剖切方法剖切后得到的剖视图及相应视图上必须进行标注，如图4—20所示。

3. 断面图

假想用剖切面将机件的某处切断，仅画出其断面的图形称为断面图，简称断面，如图4—21b所示。

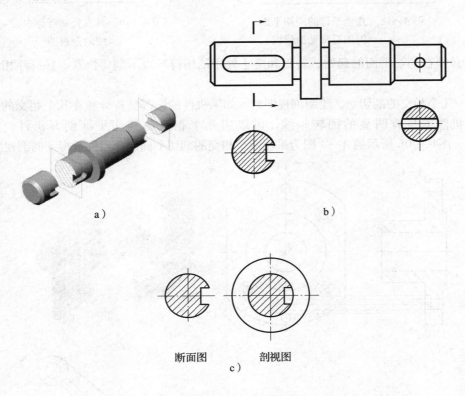

a）

b）

断面图   剖视图

c）

图4—21 断面图的概念

（1）移出断面图。画在视图轮廓之外的断面图称为移出断面图。

移出断面的轮廓线用粗实线绘制，并尽量配置在剖切线的延长线上，必要时可配置在其他适当位置。当剖切平面通过回转面形成的孔或凹坑的轴线或通过非圆孔，会导致出现完全分离的两个断面图时，这些结构按剖视图绘制，如图4—22、图4—23所示。

由两个或多个相交平面剖切的移出断面，中间应用波浪线断开为两个图形，如图4—24所示。

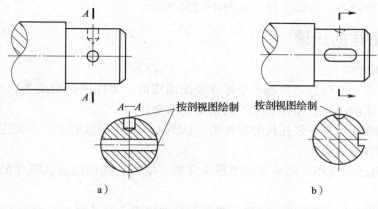

图4—22 回转面形成的孔或凹坑的移出断面

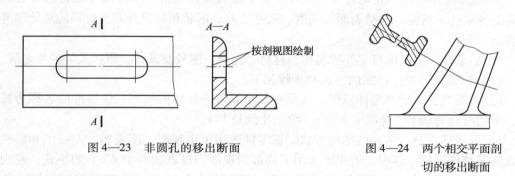

图4—23 非圆孔的移出断面

图4—24 两个相交平面剖切的移出断面

移出断面的标注如下：

1）一般应用剖切符号表示剖切位置，用箭头指明投影方向，并注写字母，在断面图的上方用相同的字母标出相应的名称"X—X"。

2）配置在剖切符号延长线上的不对称移出断面可省略字母，如图4—21中键槽处的断面及图4—22b所示。

3）按投影关系配置的移出断面或不按投影关系配置的对称移出断面均可省略箭头，如图4—22a和图4—23所示。

4）配置在剖切符号延长线上的对称移出断面可省略标注，如图4—21b中小孔处的断面及图4—24所示。

（2）重合断面图。画在视图轮廓之内的断面图称为重合断面图，如图4—25所示。

重合断面图的轮廓线用细实线画出。当视图中的轮廓线与重合断面图的图形重叠时，视图中的轮廓线仍需完整地画出，不可间断，如图4—25b所示。

对称的重合断面图不需要标注，如图4—25a所示；不对称的重合断面图要画出剖切符号和

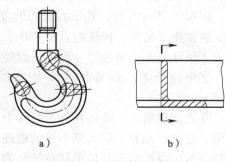

图4—25 重合断面图

表示投射方向的箭头，省略字母，如图4—25b所示。

三、机械图样的识读

1. 零件图

任一机器或一部件都是由若干个零件装配而成的。零件图是用来表达零件的结构、大小及技术要求的图样，是指导生产的重要技术文件。

如图4—26所示是一张托板的零件图。从图4—26中可以看出，一张完整的零件图应包括以下四方面内容：

- 一组视图。选用一组恰当的图形来完整、清晰、准确地表达零件的内、外结构形状。
- 足够的尺寸。能正确、完整、清晰、合理地表达制造和检验时所需要的尺寸。
- 技术要求。用规定的符号、代号及文字说明等方式给出零件加工和检验时应该达到的各项技术指标，包括表面粗糙度、尺寸公差、形状和位置公差及材料的热处理等内容。
- 标题栏。用以填写零件的名称、材料、比例、图号及设计、审核人员的签名等。

（1）识读零件图。读图的方法和步骤如下：

1）看标题栏，了解零件概况。从图4—26下方的标题栏可知，该零件的名称为托板，所用材料为08F（优质碳素钢），绘图比例是1:1。

2）看视图，分析零件的结构形状。该零件选用了主视图、俯视图、左视图和斜视图表达其结构形状。其中，俯视图采用了局部剖视图，以表达两个 $\phi3.5$ 的小孔；左视图采用了两个平行剖切平面剖切的全剖视图，用以表达孔 $\phi6$ 和两个螺孔M4的结构；B向旋转视图表达了托板上倾斜结构的实形，并标注了尺寸。

在无线电产品中有一些结构件如支架、底板、托板、机壳、面板等大都采用板料制作，这类零件称为钣金件。图4—26中的托板即由厚度为1.5 mm的板料经模具冲裁、折弯、引件、冲制螺孔底孔等工序加工而成。

3）看尺寸和技术要求

①尺寸公差。该零件的总体尺寸为：长54，宽20，高 $75_{-0.5}^{0}$。托板通过两个M4螺孔"2×M4－6H"与机壳连接，为保证安装精度，给出了有公差要求的定位尺寸"60±0.2"；在两个 $\phi3.5$ 孔上需要安装其他零件，故安装孔的中心距也给出了公差要求，即尺寸 20±0.25；托板斜面的折弯角度 32°±30′ 及槽宽 $10_{0}^{+0.5}$ 的公差要求是为了保证安装使用。另外，托板的总高 $750_{-0.5}^{0}$ 和水平折弯高度 $64_{-0.3}^{0}$ 也是根据托板的工作要求给出了尺寸公差，其他尺寸均为一般要求。

②形位公差。该零件水平折弯的上表面相对于零件后面的垂直度公差值为0.25 mm。

③表面粗糙度。零件在加工过程中由于诸多因素的影响，加工后的表面不可能绝对光滑，总会存在着一些高低不平的痕迹，如图4—27所示。零件表面这种具有较小间距和峰谷所组成的微观几何形状特征称为表面粗糙度。表面粗糙度是评定零件表面质量的重要指标之一。国家标准规定的表面粗糙度代号及标注示例见表4—2。

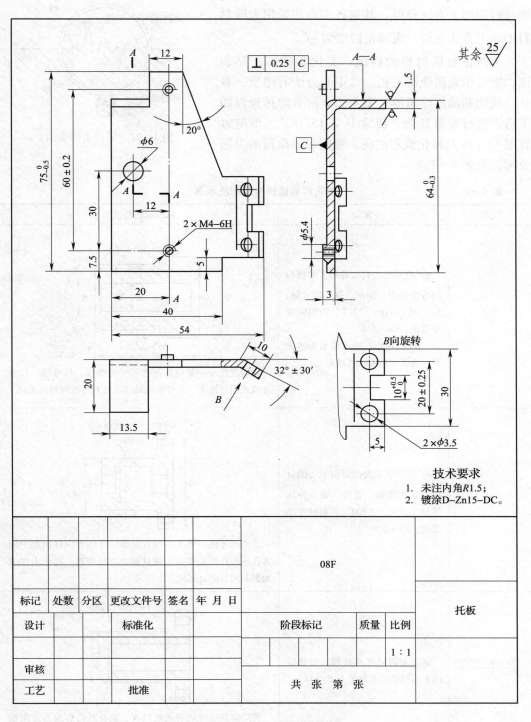

图4—26 托板零件图

该托板两侧面的表面粗糙度要求为 √，用不去除材料的加工方法获得，其他各表面均采用去除材料的加工方法获得，表面粗糙度为 $\overset{25}{\sqrt{}}$。

为防止金属材料的锈蚀、美化和装饰产品表面，常采用表面涂覆工艺。常用的方法有电镀、氧化、磷化和油漆涂覆等。图 4—26 所示的托板经加工后需进行涂覆处理"镀涂 D. Zn15. DC"，即电镀锌层 15 μm 并钝化成彩虹色。常用表面涂覆的类别及标记见表 4—3。

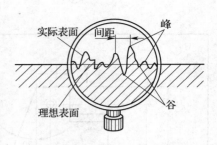

图 4—27　零件实际表面

表 4—2　　　　　　　　表面粗糙度代号及标注示例

代号	含义	标注示例及说明
$\overset{3.2}{\bigtriangledown}$	√ 符号表示表面是用去除材料的方法获得，如车、铣、刨、磨、钻等加工方法；"3.2"为粗糙度参数值，$Ra = 3.2$。Ra 值越小，表示该表面越光滑，表面质量要求就越高	粗糙度代号一般应标注在可见轮廓线、尺寸线、尺寸界线或引出线上，符号的尖端应从材料外指向材料表面
$\overset{100}{\bigtriangledown}$	√ 符号表示表面是用不去除材料的方法获得，如铸、锻、冲压等加工方法。"100"为粗糙度参数值，$Ra = 100$	表明该零件上两段不同直径圆柱体的外圆柱面和中间大孔的内孔面是用不去除材料的方法获得，其余未注表面都是用去除材料的方法获得
$\overset{Fe/Ep \cdot Cr25b}{\underset{Ra\,0.8}{\bigtriangledown}}$	该表面需局部热处理。镀铬后的表面粗糙度参数值为 $Ra = 0.8$	需局部热处理的表面粗糙度，应在其轮廓线上方用粗点画线表示

表 4—3　　　　　　　　　　　　　　　表面涂覆的类别及标注

涂覆类别		涂覆类别的标记
化学热浸涂覆	热浸 30 锡铅焊料	J．（HISnPb30）
	热浸 64 锡镉铅焊料	J．（HISnPb64）
金属和非金属的 化学涂覆	钢的化学氧化	H·Y
	铜和铜合金无光泽氧化	H·Y
	铜和铜合金钝化	H·D
	铝和铝合金的化学氧化	H·Y
	铝和杜拉铝磷化	H·L
金属和非金属的 电化学涂覆	镀暗镉	D·Cd
	镀暗镉后钝化成彩虹色	D·Cd·DC
	镀亮镉	D·Cd
	镀亮镉后钝化成彩虹色	D·Cd·DC
	镀暗锌	D·Zn
	镀暗锌后钝化成彩虹色	D·Zn·DC
	镀亮锌	D·Zn
	镀亮锌后钝化成彩虹色	（D·Zn10·DC）
	镀铜	D·Cu
	单层无光泽镀含锡45%的铜锡合金	D·45SnCu15
	多层无光泽镀含锡45%的铜锡合金	D·Cu7/45SnCu15
	多层光亮镀含锡45%的铜锡合金（抛光）	D·L$_2$Cu7/45SnCu15
	单层镀暗镍	D·Ni
	单层光亮镀镍（抛光）	D·L$_2$Ni
	多层镀暗镍	D·Cu10/Ni5
	多层光亮镀镍（抛光）	D·L$_2$Cu10/Ni5
	单层镀亮镍（不抛光、镀液加光亮剂）	D·L$_1$Ni
	多层镀亮镍（不抛光、镀液加光亮剂）	D·L$_1$Cu10/Ni5
	多层全光亮镀铬（抛光）	D·L$_3$Cu10/Ni5/Cr0.3
	耐磨损的单层光亮镀铬（抛光）	D·L$_2$Cr
	多层镀暗铬	D·Cu/Ni/Cr
	镀锡	D·Sn
	有光泽镀银（不抛光）	D·Ag
	光亮镀银（抛光）	D·L$_2$Ag
	镀金	D·Au7

（2）零件图中常见标准件的表达方法

在产品的装配及安装过程中经常使用的螺栓、螺钉、螺母、键、销等零件，由于用量大、应用广，国家标准对这些零件的结构、规格尺寸和技术要求作了统一规定，实行了标准化，所以称为标准件。标准件在图样中可采用简化画法表示，并按规定进行标注。常用标准件的画法及标注示例见表4—4。

表4—4　　　　　　　　　　常用标准件的画法及标注示例

类别	规定画法	标注示例
外螺纹	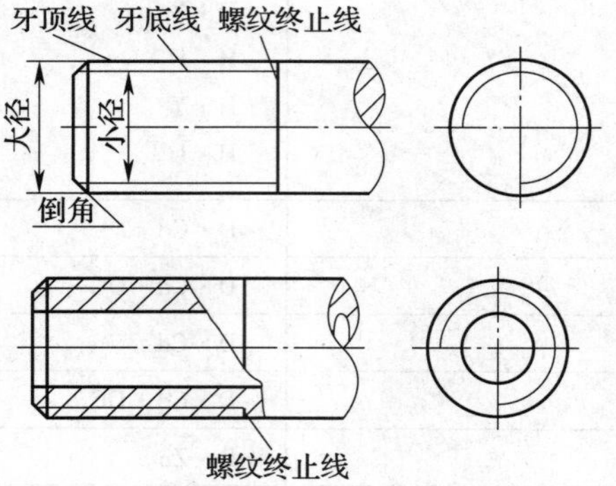 牙顶线　牙底线　螺纹终止线 大径　小径 倒角 螺纹终止线 说明：①牙顶线用粗实线表示；牙底线用细实线表示，螺纹终止线为粗实线；②在投影为圆的视图中，表示牙底的细实线圆只画3/4圈。	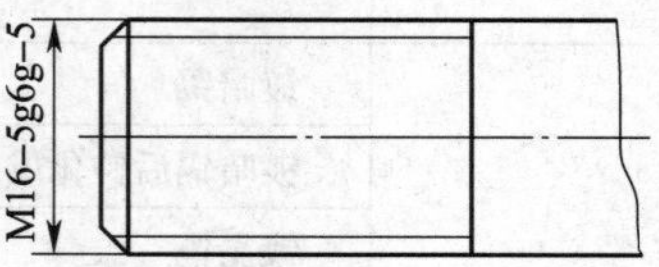 M16-5g6g-5 粗牙普通螺纹，公称直径16 mm，右旋，中径公差带5 g，顶径公差带6 g，短旋合长度
内螺纹	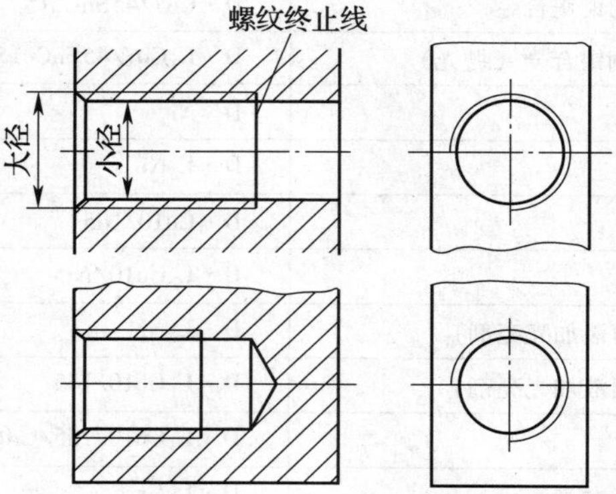 螺纹终止线 大径　小径 说明：在剖视图中，牙顶线用粗实线表示，牙底线用细实线表示，剖面线要画到粗实线处。	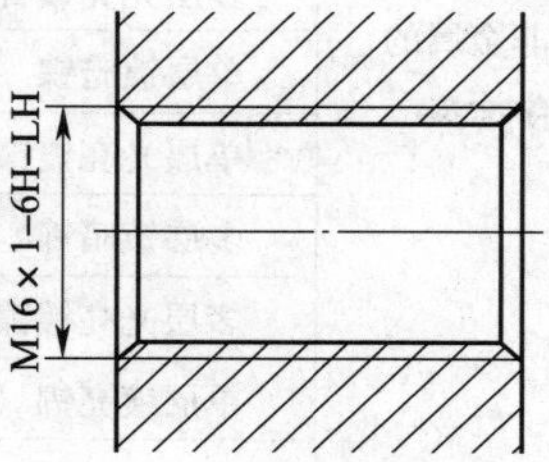 M16×1-6H-LH 细牙普通螺纹，公称直径16 mm，螺距1 mm，左旋，中径和顶径公差带均为6H，中等旋合长度
六角头螺栓	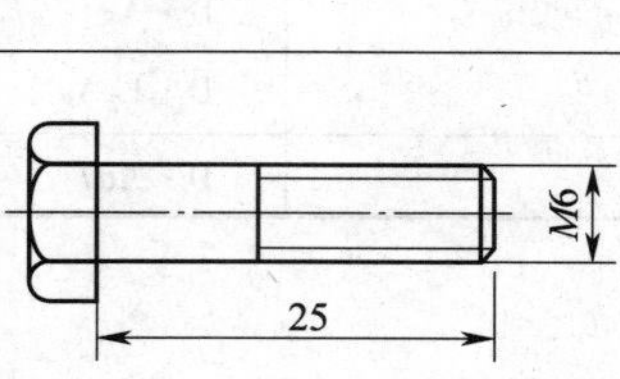 M6 25	螺栓 GB/T 5782—2000 M6×25

续表

类别	规定画法	标注示例
I 型六角螺母	（图）	螺母 GB/T 6170—2000 M16
键	（图）*C或T*，*R=b/2*	键 GB/T 1096—2000　16×12×100 圆头普通平键A型，$b=16$ mm，$h=10$ mm，$L=100$ mm
销	（图）15°	销 GB/T 119.1—2000　6 m6×30 公称直径 $d=8$ mm，公差为 m6，公称长度 $L=30$ mm，材料为钢，不经淬火、不经表面处理

2. 装配图

（1）装配图的内容。表示机器或部件的图样称为装配图。表示一台完整机器的图样称为总装配图；表示一个部件的图样称为部件装配图。

装配图用来表达机器或部件的整体结构形状、工作原理及各零件间的装配关系，是反映设计者的设计思想、装配调试、维修和检验的重要技术文件。如图4—28所示为拆卸器立体图，其装配图如图4—29所示。一张完整的装配图包括以下几项基本内容：

单 元
4

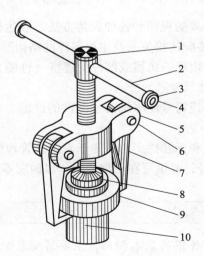

图4—28　拆卸器立体图

1—压紧螺杆　2—把手　3—沉头螺钉　4—挡圈　5—横架　6—销轴　7—抓子　8—压紧垫　9—套　10—轴

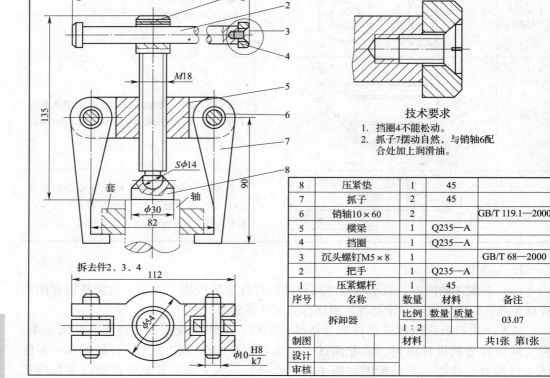

技术要求
1. 挡圈4不能松动。
2. 抓子7摆动自然,与销轴6配
合处加上润滑油。

8	压紧垫	1	45	
7	抓子	2	45	
6	销轴10×60	2		GB/T 119.1—2000
5	横梁	1	Q235—A	
4	挡圈	1	Q235—A	
3	沉头螺钉M5×8	1		GB/T 68—2000
2	把手	1	Q235—A	
1	压紧螺杆	1	45	
序号	名称	数量	材料	备注
拆卸器		比例	数量	质量	03.07
		1:2			
制图		材料		共1张 第1张
设计				
审核				

图4—29 拆卸器装配图

1）一组图形。运用必要的视图和各种表达方法,表达机器或部件的构造、工作原理、零件间的相互位置和装配连接关系及主要零件的结构形状等。

2）必要的尺寸。标注出反映机器或部件的规格（性能）尺寸、安装尺寸、零件间的装配尺寸及装配体的总体尺寸。

3）技术要求。用文字或符号注写机器或部件的性能、装配、检验、使用等方面的要求。

4）零件序号、明细栏和标题栏。为了便于看图、管理图样和组织生产,在装配图上必须对每种零件编写序号,并填写在明细栏中,以说明零件的名称、材料、数量等要求。

特别提示

装配图的标题栏与零件图的基本相同,主要写明装配体的名称、绘图比例、图号及有关人员的责任签字等。

单元
4

（2）装配图中的表达方法。用于零件图的各种表达方法同样适用于装配图。但由于装配图侧重于表达机器或部件的工作原理、装配关系等整体情况，国家标准对装配图又规定了一些规定画法和特殊表达方法。装配图中常见结构的画法及特殊表达方法见表4—5。

表4—5　　　　　　　　装配图中常见结构的画法及特殊表达方法

类别	图例	说明
常见结构画法	螺栓连接　　　销连接　　A　A—A　键连接	规定画法： ①相邻两零件的接触面和配合面规定只画一条线；非接触面画两条线 ②相接触的两零件的剖面线方向应相反或方向相同但间隔不等；同一零件在各个视图中的剖面线方向和间隔应一致 ③对于螺栓、螺母等紧固件及轴、键、销等实心件，其被纵向剖切且剖切平面通过其对称平面或轴线时，则这些零件均按不剖绘制
特殊表达方法	4.5V 6V 9V 3V 12V 通电指示 通 断 输出插孔　拆去外壳	拆卸画法：当某些零件遮住了所需表达的其他零件时，可假想将这些零件拆卸后再绘制视图。采用拆卸画法后需在图上注明"拆去××"的字样

续表

类别	图例	说明
特殊表达方法	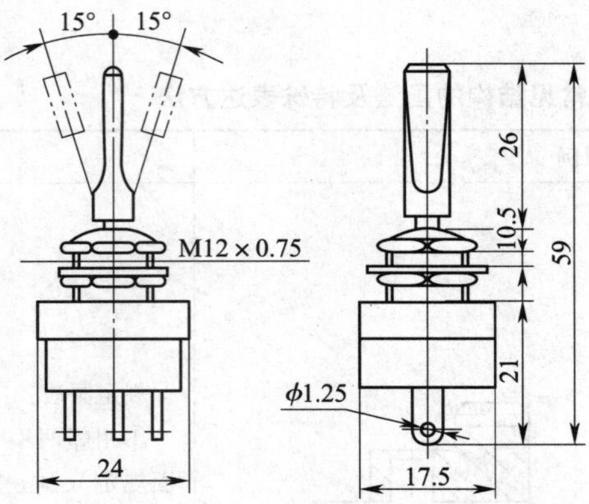	假想画法：用双点画线表示运动零件的极限位置
	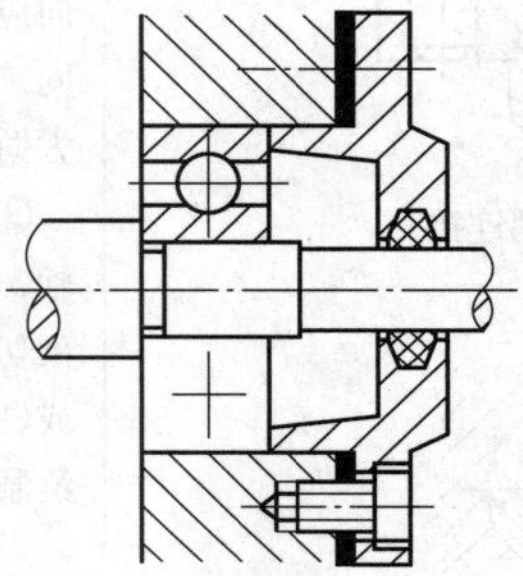	简化画法：装配图上若干相同零件组（如螺栓、螺钉等），可详细地画出一组，其余用点画线表示其中心位置
	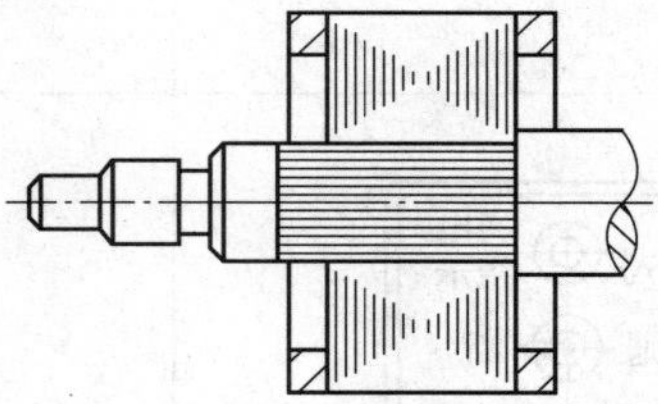	叠钢片的整体画法：在机柜、定子、变压器、散热片及其他类似装配体的装配图中，叠片、元件组、线束等应作为整体物来表示

（3）读装配图。以如图 4—30 所示定位开关为例，读图的方法和步骤如下：

1）概括了解。首先通过标题栏、明细栏了解装配体的名称、用途以及装配体中各零件的名称和数量等内容，由绘图比例了解装配体的大小。

从图 4—30 的标题栏可知，该装配体为定位开关，用于接通和断开线路。从明细栏中可以看出，它由 8 种零件组成，其中除螺母是标准件外，其余均为非标准件。

2）看懂视图，分析工作原理和装配关系。对装配图中的各个视图进行分析，明确视图关系。结合明细栏，分析各个零件的形状、作用，弄懂工作原理和装配关系。

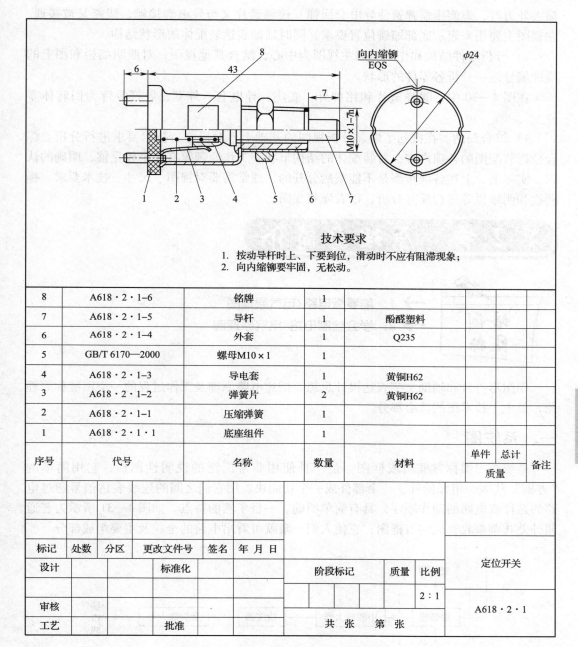

技术要求

1. 按动导杆时上、下要到位，滑动时不应有阻滞现象；
2. 向内缩铆要牢固，无松动。

8	A618·2·1-6	铭牌	1	
7	A618·2·1-5	导杆	1	酚醛塑料
6	A618·2·1-4	外套	1	Q235
5	GB/T 6170—2000	螺母M10×1	1	
4	A618·2·1-3	导电套	1	黄铜H62
3	A618·2·1-2	弹簧片	2	黄铜H62
2	A618·2·1-1	压缩弹簧	1	
1	A618·2·1·1	底座组件	1	

序号	代号	名称	数量	材料	单件	总计	备注
					质量		

标记	处数	分区	更改文件号	签名	年 月 日			
设计			标准化			阶段标记	质量	比例
审核								2:1
工艺			批准			共 张 第 张		

定位开关

A618·2·1

图4—30 定位开关装配图

在图4—30中，表达装配体用了两个视图，即主视图和左视图。主视图采用半剖视，一半表达定位开关的内部装配关系，另一半反映了定位开关各个零件的大致形状、零件之间的相互位置关系和连接关系及装配体的工作原理等。由主视图可以看出，在底座组件上铆接两片接触簧片，接触簧片与导电套接触，使线路接通。当尼龙导杆在外力作用下向开关内部移动时，导电套在导杆推动下向左移动并与簧片脱离，线路断开。当撤去外力时，螺旋压缩弹簧使导电套回弹，接触簧片又与导电套接触，线路又被接通。左视图主要用来表示底部缩铆位置要求，同时辅助表达装配体的形状结构。

3）分析零件结构和作用。以主视图为中心，结合其他视图，对照明细栏和图上的零件编号逐一分析各零件的形状。

在图4—30中，除弹簧片和铭牌外，底座、导电套、外套、导杆等皆为回转体零件。

4）综合归纳。在概括了解、分析视图的基础上，对尺寸、技术要求进行分析。综合分析装配图的各项内容，对装配体的结构形状、工作原理等有一个较完整、明确的认识。实际上，上述各项步骤是不能截然分开的，通常需要对视图、尺寸、技术要求、标题栏和明细栏等进行反复分析，以看懂装配图。

第2节 原理图简介

→ 1. 能看懂电路/电气原理图
→ 2. 学会绘制电路/电气原理图

用图形符号和辅助文字表达设计思想，描述电路原理及工作过程的一类图统称原理图，是电子技术图的核心部分。

一、系统图

系统图习惯称方框图或框图，是一种使用非常广泛的说明性图形，它用简单的"方框"代表一组元器件、一个部件或一个功能块。用它们之间的连线表达信号通过电路的途径或电路的动作顺序，具有简单明确、一目了然的特点。如图4—31所示为普通超外差式调幅收音机的方框图，它使人们一眼就可看出电路的全貌及主要组成部分。

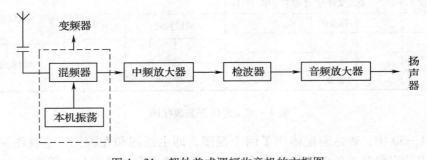

图4—31 超外差式调幅收音机的方框图

有了方框图，对了解电原理图非常有用，因此，一般比较复杂的电路图都附有方框图说明。

特别提示

　　绘制方框图，一定要在方框图内注明所代表电路的内容或功能，方框之间的连线一般应带箭头表示信号流向。方框图也和其他图组合以表达一些特定内容。

二、电路图

　　电路图也称电原理图、电子线路图，是表示电路工作原理的。它使用各种图形符号，按照一定的规则表达元器件之间的连接及电路各部分的功能。它不表达电路中各元器件的形状和尺寸，也不反映这些元器件的安装、固定情况，因而一些辅助元件如紧固件、接插件、焊片、支架等组成实际电子产品不可少的东西在电路图中都不必画出。

　　电路图主要由图形符号和连线组成。图形符号在初级已经介绍过了，下面主要介绍连线、省略画法及原理图绘制。

　　1. 电路图中的连线

　　连线有实线和虚线两种。

　　（1）实线。在电路中元器件之间的电气连接是通过图形符号之间的实线表达的。

　　1）连线尽可能画成水平或垂直线，斜线不代表新的含义。

　　2）相互平行线条之间距离不小于 1.6 mm；较长线应按功能分组画，组间应留 2 倍线间距离，如图 4—32a 所示。

　　3）一般不要从一点上引出多于三根的连线，如图 4—32 b 所示。

图 4—32　实线的间距和连接

　　4）如果没有说明，线条粗细不代表电路连接的变化。

　　5）连线可以任意延长和缩短。

　　（2）虚线。在电路图中虚线一般作为一种辅助线，没有实际电气连接的意义。虚线有以下几种辅助表达作用。

　　1）表示元件中的机械联动作用，如图 4—33 所示。

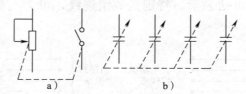

图 4—33　虚线表示机械联动

a）带开关电位器　b）四联可变电容器

2）表示封装在一起的元器件，如图4—34所示。

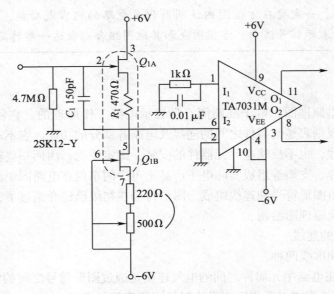

图4—34　封装在一起的元器件

3）表示屏蔽，如图4—35所示。

图4—35　用虚线表示屏蔽

4）其他作用，如常用虚线表示一个复杂电路分隔为几个单元电路、印制电路板分板，一般都需附加说明。

2. 电路中的省略与简化

有些比较复杂的电路，如果将所有连线和接点都画出，则图形过于密集，线条过多反而不易看清楚。因此，人们都采取各种办法简化图形。很多省略已被大家公认，使画图、读图都很方便。

（1）线的中断。某些在图中离得较远的两个元器件之间的连线，可以不画到最终去处，而用中断的办法表示，特别是成组连线，可大大简化图形，如图4—36所示。

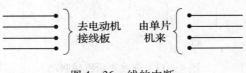

图4—36　线的中断

（2）用单线表示多线。成组的平行线可用单线表示，线的交汇处用一短斜线表示，并用数字标出代表的线数。

（3）电源线省略。在分立元器件中，电源线可以省略，只标出接点。而在集成电路中，由于管脚及使用电压都已固定，所以往往把电源接点也省去，如图4—37所示。

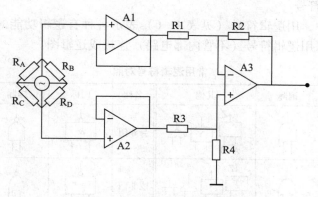

图4—37　集成电路图中省略电源

3. 电路图的绘制

绘制电路原理图时，要注意做到布置均匀，条理清楚。

（1）正常情况下按电信号从左到右，从上而下的顺序，即输入端在左上、输出端在右下。

（2）各图形符号的位置应体现电路工作时各元件的作用顺序。

（3）绘制复杂电路分单元时，各单元电路应标明信号的来龙去脉，并遵循从左至右、自上而下的顺序。

（4）元件串联最好画到一条直线上，并联时各元件符号中心对齐，如图4—38所示。

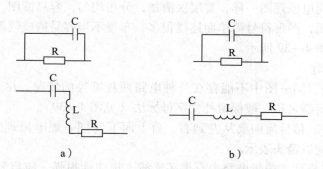

图4—38　元器件串并联时位置
a）不推荐画法　b）推荐画法

（5）根据电路图需要，也可在图中附加一部分调试或安装信息，如测试点电压值、波形图、某些元器件外形图等。

電子仪器仪表装配工（中级）

三、逻辑图

由于集成电路的飞速发展，特别是大规模集成电路的应用，绘制详细的电原理图，不仅非常烦琐，而且没有必要。逻辑图实际取代了数字电路中的原理图。通常，也将数字逻辑占主要部分的数字模拟混合电路称为逻辑图或电原理图。

1. 常用逻辑符号

在数字电路中，用逻辑符号（见表4—6）表示各种有逻辑功能的单元电路。在表达逻辑关系时，采用逻辑符号（不管内部电路）连接成逻辑图。

表4—6　　　　　　　　　　　　常用逻辑符号对照

名称	国标	国际	其他	名称	国标	国际	其他
与门	&			与非门	&		
或门	≥1			或非门	≥1		
非门	1			异或门	=1		

> **特别提示**
>
> 在逻辑符号中必须注意在逻辑元件中符号"o"的作用。"o"加在输出端，表示"非""反相"的意思；而加在输入端，则表示该输入端信号的状态。具体地说，根据逻辑元件不同，在输入端加"o"表示低电平、负脉冲或下跳变起作用。

2. 逻辑图绘制

绘制逻辑图同电原理图一样，要层次清楚，分布均匀，容易读图。尤其大规模集成电路组成的逻辑图，图形符号简单而连线很多，布置不当容易造成读图困难和误解。工程逻辑图示例如图4—39所示。

（1）基本规则

1）符号统一。同一图中不能存在一种电路两种符号的情况，尽量采用国标符号，但大规模电路的管脚名称一般保留外文字母标法（见图4—39）。

2）出入顺序、信号流向要从左到右、自上而下（同一般电原理图相同），如有不符合本规定者，应以箭头表示。

3）连线成组排列。逻辑电路中有很多连线，规律性很强，应将具有相同功能、关联的线排在一组并与其他线有适当距离，如计算机电路中数据线、地址线等。

4）管脚标注。对中大规模集成电路来说，标出管脚名称同标出管脚标号同样重要。但有时为了不致使图中太拥挤，可只标其一而另用图详细表示该芯片的管脚排列及功能。多只相同电路可只标其中一只，如图4—39中的U3～U5。

单元
4

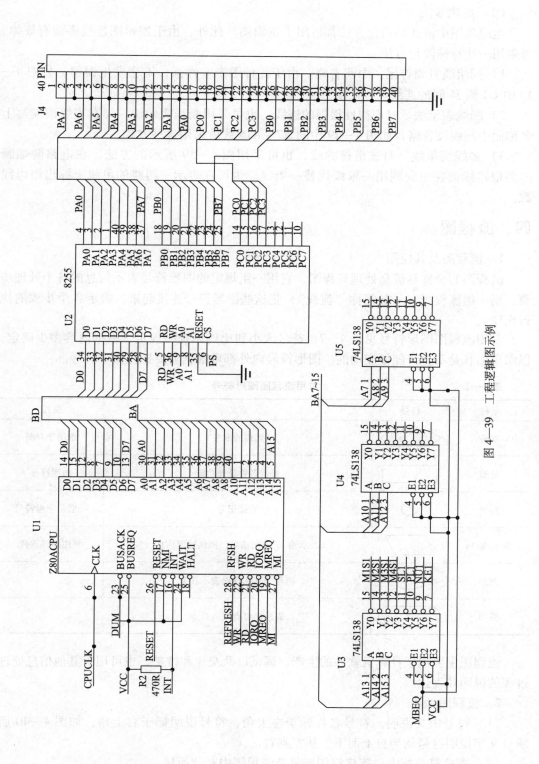

图 4—39 工程逻辑图示例

（2）简化方法

电原理图中讲述的简化方法都适用于逻辑图。此外，由于逻辑图连线多而有规律，可采用一些特殊简化方法。

1）同组线只画首尾，中间省略。由于此种图专业性强，不会发生误解，如图4—39中U2到J4间的连线。

2）断线表示法。对规律性很强的连线，也可采用断线表示法，即在连线两端写上名称而中间线段省略，如图4—39中的A7～A15线就采用这种方式。

3）多线变单线。对成组排的线，也可采用图4—39所示的方法。在电路两端画出多根连线而在中间则用一根线代替一组线。也可在表示一组线的单线上标出组内线数。

四、流程图

1. 流程图及其应用

流程图的全称是信息处理流程图，它用一组规定的图形符号表示信息的各个处理步骤，用一组流程线（一般简称"流线"）把这些图形符号连接起来，表示各个步骤的执行次序。

常用流程图图形符号见表4—7。符号大小和比例无统一规定，根据内容多少确定，但图形形状是不允许随便变动的。图形符号内外都可根据需要标注文字符号。

表4—7　　常用流程图图形符号

名称	符号	意义	备注
准备	六边形	处理的准备	常用于判断
处理	矩形	表示各种处理功能	通用符号
连接	圆形	连接记号	一般价字母符号
输入/输出	平行四边形	表示输入/输出功能，提供处理信息	常用处理取代
判断	菱形	流程分支选择或表示开关	
终端	圆角矩形	表示出口点或入口点	

流程图主要用于计算机软件的生产、调试以及交流和维护，也可用于其他信息处理过程的说明和表达。

2. 流程图标注

（1）符号中文说明。符号名称标于左上角，符号说明标于右上角，如图4—40所示。文字说明符号均为自上而下、从左到右。

（2）连接符与标志。连接符用于复杂流程图中断的衔接。

如图4—41所示，在流线中断线上（箭头头部）画一个小圆圈并加上标志字符，而在另一行流线中断处（箭头尾部）画同样圆圈及相同标志字符，即表示相互衔接。

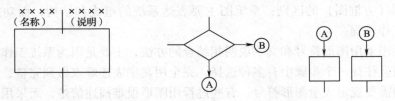

图4—40　流程图标注　　　　　图4—41　流线中断与衔接

当一个图符需引出两个以上出口时，可直接引出多个流线，也可在一个流线上分支，每个分支标出相应条件。流线分支如图4—42所示。

图4—42　流线分支

3．流程图画法

流向：自上而下、从左到右；箭头流线连接并表示流向；流线可交叉，也可综合。流程图实例如图4—43所示。

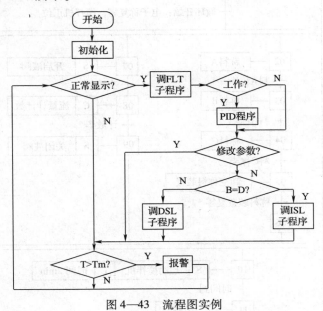

图4—43　流程图实例

五、功能表图

1．功能表图简介

功能表图是电气图中的一个新图种，主要用于全面描述一个电气控制系统的控制过程、作用和状态。

功能表图不同于电路图的是它主要描述原则和方法，不提供具体技术方法。功能表图与系统图（方框图）的区别：系统图主要表达系统的组成和结构，而功能表图则表述系统的工作过程。

功能表图采用图形符号和文字说明相结合的办法，主要是因为系统工作过程往往比较复杂，而且往往一个步骤中有多种选择，完全用文字表述难以做到完整、准确，完全采用图形则需要规定大量图形符号，有些过程用图形很难描述清楚，而采用少量图形符号加文字说明方式，则可使图文相辅相成，解决难题。

功能表图有两方面的作用：

（1）为系统的进一步设计提供框架和纲领。

（2）技术交流和教学、培训。

2. 功能表图组成

功能表图的图形非常简练，仅有步、转换和有向连线三种。

（1）步。将系统工作过程分解为若干清晰连续的阶段，每个阶段称为步。步的符号及含义如图4—44所示。

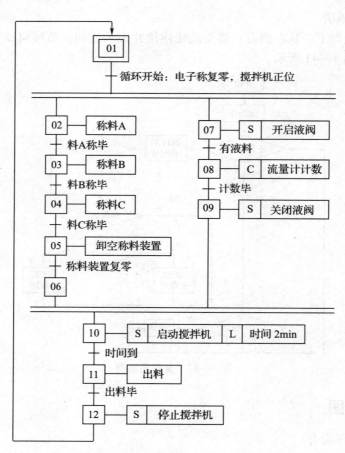

图4—44　步的符号及含义

（2）转换。步和步之间满足一定条件时实现转换，因此，转换是步之间的分隔。

（3）有向连线。有向连线是步与转换、转换与符号之间的连线，表示步的进展路线。

第 3 节 工艺图简介

→ 1. 了解产品工艺图绘制流程

→ 2. 能看懂产品工艺图

工艺图大部分属于工程图的范畴，主要用于产品生产，是生产者进行具体加工、制作的依据，也是企业或技术成果拥有者的技术关键。

一、实物装配图

实物装配图是工艺图中最简单的图，它以实际元器件形状及其相对位置为基础画出产品装配关系。这种图一般只用于教学说明或为初学者入门制作说明。但与此同类性质的局部实物图则在产品装配中仍有使用。如图 4—45 所示为某仪器上波段开关接线图，由于采用实物画法，装配时一目了然，不易出错。

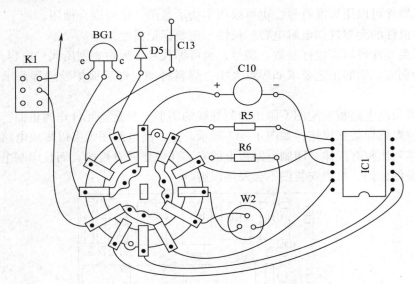

图 4—45　某仪器上波段开关实物装配图

二、印制电路板图

印制电路板图是电子工艺设计中最重要的一种图。关于印制电路板制板设计已在前

单元
4

面有过介绍，需要强调的是某些元器件的安装尺寸，应在送出加工时强调安装尺寸，必要时注明公差，类似机械图。印制线路板上的尺寸标注如图4—46所示，插座在印制电路板上穿孔安装，插针间距为2.54，设插孔在绘图时孔间距有0.05的误差，这是很容易忽略的。但到第50个孔时，就会有$0.05 \times 49 = 2.45$，几乎相当于一个孔的误差，就是说这个插座无法装到印制电路板上。因此在加工时，不仅要控制每个孔的距离，还要注意误差积累。采用图4—46中的标注就可以避免上述漏洞。

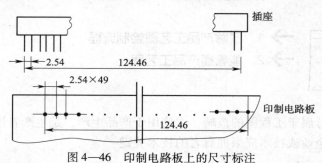

图4—46　印制电路板上的尺寸标注

三、印制电路板装配图

印制电路板装配图是供焊接安装工人加工制作印制电路板的工艺图。这种图有两类，一类是将印制电路板上导线图形按板图画出，然后在安装位置加上元器件。

绘制这种安装图时要注意以下几点：

- 元器件可以用标准符号，也可以用实物示意图，也可混合使用。
- 有极性的元器件如电解电容，极性一定要标记清楚。
- 同类元件可以直接标参数、型号，也可标代号，另附表列出代号内容。
- 特别需说明的工艺要求如焊点大小、焊料种类、焊后保护处理等要求应加以注明。

另一类印制电路板装配图不画出印制导线的图形，只是将元件作为正面，画出元器件外形及位置指导装配焊接，如图4—47所示。这一类电路图大多以集成电路为主，电路元器件排列比较有规律，印制电路板上的安装孔也比较有规律，而且印制电路板上有丝印的元器件标记，对照安装图不会发生误解。

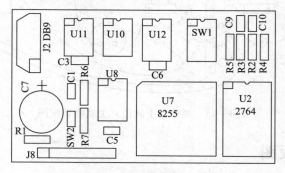

图4—47　印制线路板装配图

绘制这种安装图要注意以下几点：

- 元器件全部用实物表示，但不必画出细节，只绘制外形轮廓即可。
- 有极性或方向定位的元件要按实际排列时所处位置标出极性和安装位置。
- 集成电路要画出管脚顺序标志，且大小和实物成比例。
- 一般在每个元件上标出代号。
- 某些规律性较强的器件如数码管等，也可采用简化表示方法。

由于目前印制电路板设计基本采用计算机及有关软件工具，一个完整的设计文件中已经含有印制电路板装配图。

四、布线图

布线图是用来表示各零部件相互连接情况的工艺接线图，是整机装配时的主要依据。常用的布线图有直连型、简化型、接线表等，其主要特点及绘制要点如下：

1. 直连型布线图

直连型布线图类似于实物图，将各个零部件之间的接线用连线直接画出来，既简单又方便实用。

（1）由于布线图所要表示的是接线关系，因此，图中各零件主要画出接线板、接线端子等与连接线有关的部位，其他部分可简化或省略。同时，也不必拘泥于实物比例，但各零部件位置方向等一定要同实际所处位置、方向对应。

（2）连线可用直线表示，也可用任意线表示，但为了图形整齐，大多数情况下都采用直线。

（3）图中应标出各导线的规格、颜色及特殊要求。如果不标注，就意味着由制作者任选。

如图4—48所示是一个仪器面板的实体接线图。

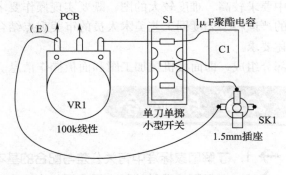

图4—48　实体接线图

2. 简化布线图

直连型布线图虽有读图方便、使用简明的优点，但对复杂产品来说不仅绘图非常费时，而且连接线太多且相互交错，识图也不方便，这种情况可使用简化型布线图。这种图的主要特点如下：

（1）装接零部件以结构形式画出，即只画简单轮廓，不必画出实物。元器件可用符号表示，导线用单线表示。与接线无关的零部件无须画出。

（2）导线汇集成束时可用单线表示，结合部位以圆弧45°表示。表示线束的线可用粗线表示，其形状同实际线束形状相似。

（3）每根导线两端应标明端子号码，如果采用接线表，还应该给每条线编号。

特别提示
简单图也可以直接在图中标出导线规格、颜色等要求。

五、机壳底板图

机壳底板图是用来表达机壳、底板安装位置的，应按机械制图标准绘制。在电子仪器外壳图的表达中，常常采用一种等轴图，如图4—49所示。这种图可以使人们对整个机壳外形一目了然，起到视图表达的补充说明作用。

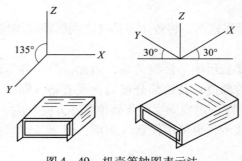

图4—49　机壳等轴图表示法

六、面板图

面板图是工艺图中要求较高、难度较大的图，既要实现操作要求，又要讲究美观悦目。将工程技术人员的严谨科学态度同工艺美术人员的审美观点结合起来，才能使设计出来的面板图达到上述要求。

面板图主要由两部分组成，即面板机械加工图和面板操作信息。

第4节　公差与配合

→ 1. 了解国家标准中有关公差与配合的基本术语及其定义

→ 2. 了解形位公差的基本概念和基本内容

→ 3. 能正确理解图样中公差与配合及形位公差的含义

一、公差与配合的基本知识

从一批规格相同的零件中任取一件，不经修配即能使用且能满足使用要求，零件所具有的这一性能称为互换性。

零件具有互换性不仅给产品的装配、维修带来方便，且能满足大批生产要求，提高了生产率。但零件在实际加工制造过程中，由于机床精度、计量器具精度、操作人员技术水平及生产环境等诸多因素的影响，完工后的实际尺寸总是不可避免地存在一定的误差。误差过大势必会影响零件的力学性能，但为了使零件具有互换性，又不能要求零件的尺寸做得绝对准确，因此，为了控制误差的大小便产生了公差的概念，即在保证零件力学性能的前提下，允许零件尺寸有一个变动量，这个允许尺寸变动量称为公差。

1. 尺寸公差的基本术语

以如图 4—50 所示孔为例，其尺寸为 $\phi 30^{+0.006}_{-0.015}$：

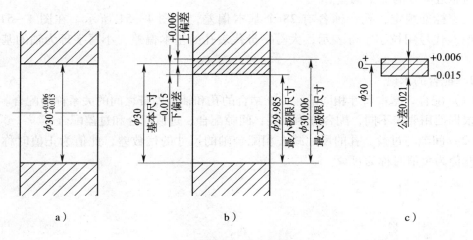

图 4—50　尺寸公差

a）孔的尺寸标注　b）尺寸公差基本术语　c）公差带图

（1）基本尺寸。设计时给定的尺寸，如图 4—50 中的 $\phi30$。

（2）极限尺寸。实际尺寸允许变化的两个界限值。其中较大的一个称为最大极限尺寸，较小的一个称为最小极限尺寸。如图 4—50b 所示，最大极限尺寸为 $\phi30.006$，最小极限尺寸为 $\phi29.985$。

（3）极限偏差。极限尺寸减去基本尺寸所得的代数差称为极限偏差。最大极限尺寸减去基本尺寸的代数差称为上偏差，如图 4—50b 中的 +0.006；最小极限尺寸减去基本尺寸的代数差称为下偏差，如图 4—50b 中的 −0.015。上、下偏差统称为极限偏差。上、下偏差可以是正值、负值或零。零件加工后的实际偏差如在上、下偏差之间即为合格产品。

（4）尺寸公差（简称公差）。允许实际尺寸的变动量称为尺寸公差。在数值上，尺寸公差等于最大极限尺寸与最小极限尺寸的代数差，也等于上偏差与下偏差的代数差，如图 4—50b 所示。

$$尺寸公差 = 30.006 - 29.985 = +0.006 - (-0.015) = 0.021$$

（5）公差带。公差带是由代表上偏差和下偏差的两条直线所限定的一个区域。为了表述方便，将公差与基本尺寸间的关系按一定比例画成简图，称为公差带图，如图4—50c所示。在公差带图中，零线是表示基本尺寸的一条线，零线上方的偏差为正值，零线下方的偏差为负值。公差带既表示了公差的大小，又表示区域相对于零线的位置。

（6）标准公差。标准公差是国家标准规定的确定尺寸精度的等级，分为20级，即IT01、IT0、IT1、…、IT18。其中"IT"表示标准公差，数字表示公差等级，从IT01到IT18公差等级依次降低，IT01公差值最小，精度最高；IT18公差值最大，精度最低。

（7）基本偏差。基本偏差是用来确定公差带相对于零线位置的上偏差或下偏差，一般为靠近零线的那个偏差。

国家标准规定，孔、轴各有28个基本偏差，如图4—51所示。在图4—51中，基本偏差代号用拉丁字母表示，大写字母代表孔的基本偏差，小写字母为轴的基本偏差。

2. 配合的术语

（1）配合。基本尺寸相同的、相互结合的孔和轴公差带之间的关系称为配合。

根据使用要求不同，配合分为三类：间隙配合、过渡配合和过盈配合。

（2）间隙与过盈。孔的尺寸减去相配合轴的尺寸的代数差，此值为正值时称为间隙，此值为负值时称为过盈。

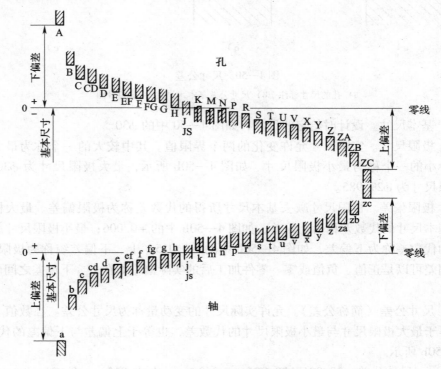

图4—51 孔、轴基本偏差系列

（3）配合种类

1）间隙配合。孔与轴之间总存在着间隙（包括最小间隙为零）的配合。此时，孔的公差带在轴的公差带之上，如图4—52所示。孔的实际尺寸总比轴的实际尺寸大，装配在一起后，轴在孔中能自由转动或移动。

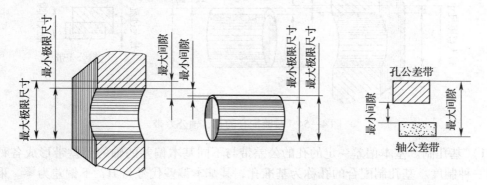

图4—52　间隙配合的孔、轴公差带

2）过盈配合。孔与轴之间总存在过盈（包括最小过盈为零）的配合。此时，孔的公差带在轴的公差带之下，如图4—53所示，即孔的实际尺寸总比轴的实际尺寸小，装配时需通过一定的外力或将带孔的零件加热膨胀后才能把轴装入孔中，孔与轴装配后不能做相对运动。

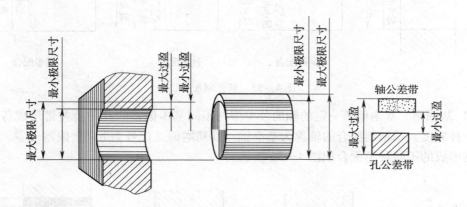

图4—53　过盈配合的孔、轴公差带

3）过渡配合。孔与轴之间既可能产生间隙也可能产生过盈的配合。此时，孔的公差带与轴的公差带相互交叠，如图4—54所示。也就是说，任取其中的一对孔和轴相配合，可能孔的实际尺寸比轴的实际尺寸大，存在间隙，但比间隙配合稍紧；也可能孔的实际尺寸比轴的实际尺寸小，存在过盈，但比过盈配合稍松。

在基本偏差系列中，A－H（a－h）的基本偏差用于间隙配合；J－N（j－n）的基本偏差用于过渡配合；P－ZC（p－zc）的基本偏差用于过盈配合。

（4）配合制度。根据实际生产需要，国家标准规定了两种配合制度：

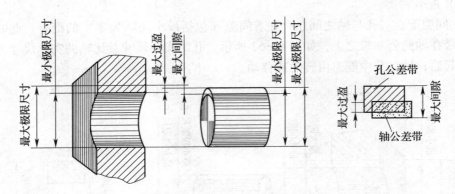

图4—54 过渡配合的孔、轴公差带

1）基孔制。基本偏差一定的孔的公差带与不同基本偏差的轴的公差带形成各种配合的一种制度。基孔制配合的孔称为基准孔，其基本偏差代号为 H，下偏差为零。采用基孔制形成的不同种类配合如图4—55 所示。

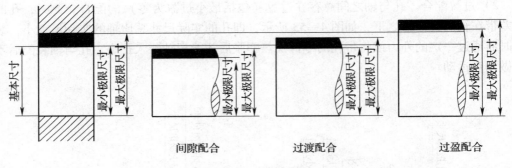

图4—55 基孔制配合

2）基轴制。基本偏差一定的轴的公差带与不同基本偏差的孔的公差带形成各种配合的一种制度。基轴制配合的轴称为基准轴，其基本偏差代号为 h，上偏差为零。采用基轴制形成的不同种类配合如图4—56 所示。

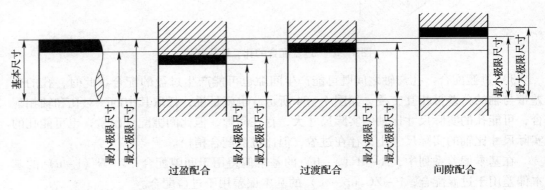

图4—56 基轴制配合

二、公差与配合在图样中的标注

1. 尺寸公差在零件图中的标注

在零件图中，可以采用以下三种形式标注尺寸公差：

（1）标注公差带代号。在基本尺寸的右边注出基本偏差代号和标准公差等级，如图4—57所示。这种形式用于大批量生产的零件图上。

（2）标注偏差数值。在基本尺寸的右边注出上、下偏差值。上偏差写在基本尺寸的右上方，下偏差与基本尺寸在同一底线上，偏差的字号比基本尺寸的字号小一号，如图4—58所示。若上、下偏差相同，则可简化标注，如 $\phi 50 \pm 0.008$；若上偏差或下偏差为零，则应注明"0"，且与另一偏差的个位数对齐，如 $\phi 50^{+0.039}_{0}$。这种形式用于单件或小批量生产的零件图上。

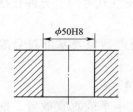
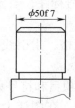

图4—57 标注公差带代号

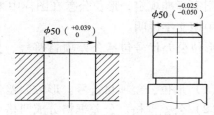

图4—58 标注偏差数值

（3）标注公差带代号和偏差数值。在基本尺寸的右边同时注出公差带代号和偏差数值，偏差数值要加括号，如图4—59所示。这种形式常用于试生产或批量较小的零件图中。

2. 公差与配合在装配图中的标注

在装配图中，配合代号由两个相互结合的孔和轴的公差带代号组成，用分数形式表示，分子代表孔的公差带代号（用大写字母），分母表示轴的公差带代号（用小写字母），如图4—60a所示。也可用极限偏差的形式标注，即尺寸线上方为孔的基本尺寸和极限偏差，尺寸线下方为轴的基本尺寸和极限偏差，如图4—60b所示。

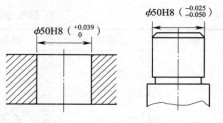

图4—59 标注公差带代号和偏差数值

单元 4

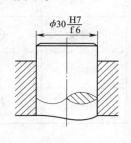
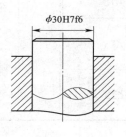
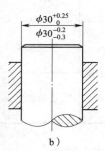

a) b)

图4—60 配合代号的标注

a）标注公差带代号 b）标注极限偏差

三、形状和位置公差

1. 基本概念

零件加工过程中不仅会产生尺寸误差，也会出现形状和相对位置的误差。如加工轴时可能会出现轴线弯曲、大小头或前后两段圆柱不同轴等现象，这就是零件的形状和位置出现了误差。如果形状和位置误差过大同样会影响零件的工作性能，因此，对零件除应保证尺寸精度外，还应控制其形状和位置的误差。对形状和位置误差的控制是通过形状和位置公差来实现的。

形状和位置公差是指零件的实际形状和实际位置对理想形状和理想位置的允许变动量，简称形位公差。

2. 形位公差的标注

国家标准规定，形位公差在图样中采用代号标注，当无法标注代号时，允许在技术要求中用文字说明。

形位公差代号包括公差项目符号、公差框格、指引线、公差数值及基准符号等内容。

（1）形位公差项目符号。形位公差各特征项目和符号见表4—8。

（2）公差框格。公差框格分成两格或多格。在图样上只能水平或垂直放置，框格的形式和内容如图4—61a所示。

表4—8　　形位公差各特征项目和符号

分类	项目	符号	分类		项目	符号
形状公差	直线度	—	位置公差	定向公差	平行度	//
形状公差	平面度	▱	位置公差	定向公差	垂直度	⊥
形状公差	圆度	○	位置公差	定向公差	倾斜度	∠
形状公差	圆柱度	⌭	位置公差	定位公差	同轴（同心）度	◎
形状或位置公差	线轮廓度	⌒	位置公差	定位公差	对称度	⌯
形状或位置公差	面轮廓度	⌓	位置公差	定位公差	位置度	⌖
			位置公差	跳动公差	圆跳动	↗
			位置公差	跳动公差	全跳动	⌰

（3）指引线

指引线一端连着公差框格，另一端用箭头指向被测要素。

（4）基准符号。对有位置公差要求的零件，在标注位置公差的同时应标注基准符号。基准符号由短横线、连线、圆圈和基准字母组成，如图4—61b所示。

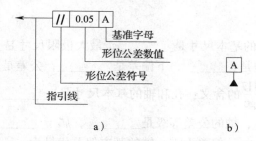

图4—61 形位公差框格和基准符号

a）形位公差框格 b）基准符号

（5）形位公差标注示例。标注形位公差时，指引线的箭头要指向被测要素的轮廓线或其延长线上；当被测要素为轴线时，指引线的箭头应与该要素尺寸线的箭头对齐。基准要素是轴线时，要将基准符号与该要素的尺寸线对齐。

形位公差的标注如图4—62所示。

图4—62a的标注表示：$\phi10$圆柱面上任意一条素线的直线度公差为0.015。

图4—62b的标注表示：$\phi10$圆柱体轴线的直线度公差为$\phi0.015$。

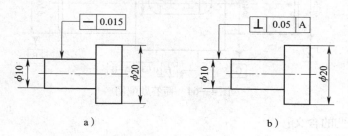

图4—62 形状公差的标注

位置公差的标注如图4—63所示。

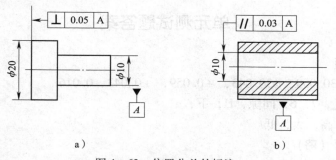

图4—63 位置公差的标注

图4—63a的标注表示：被测左端面对$\phi20$圆柱轴线的垂直度公差为0.05。

图4—63b的标注表示：$\phi10$孔的轴线对该零件底面的平行度公差为0.03。

单元测试题

一、填空题

1. 尺寸 $\phi 30^{+0.059}_{+0.043}$ 的基本尺寸是_____，最大极限尺寸是_____，最小极限尺寸是_____，上偏差是_____，下偏差是_____，公差是_____。

2. 尺寸标注 $\phi 15\dfrac{H7}{g6}$ 的含义：孔和轴的基本尺寸是_____，是基_____制；孔的公差等级是_____，轴的公差等级是_____，属于_____配合；孔基本偏差代号为_____，其_____偏差为零；轴的基本偏差代号为_____。

3. 国家标准规定公差等级共有_____级，其中 IT01 公差值最_____，精度最_____；IT18 公差值最_____，精度最_____。

二、简答题

解释图 4—64 中形位公差的含义：

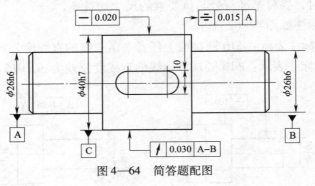

图 4—64　简答题配图

框格 — 0.020 的含义：

框格 ↗ 0.030 A–B 的含义：

框格 = 0.015 A 的含义：

单元测试题答案

一、填空题

1. $\phi30$，$\phi30.059$，$\phi30.043$，+0.059，+0.043，0.016
2. $\phi15$，孔，7，6，间隙，H，下，g
3. 20，小，高，大，低

二、简答题（略）

单元 4

第5单元

第

5

单元

整机组装工艺

整机总装在无线电整机生产中是一个重要的工艺过程，在总装线上把具有不同功能的印制电路板安装在整机的机架上，并进行电路性能的初步调试。调试合格后把面板、机壳等进行合拢总装，然后检验整机的各种电气性能、力学性能和外观，检验合格后进行产品包装和入库。

第1节 整机组装知识

→ 1. 了解整机组装的特点和分级
→ 2. 了解生产流水线

一、整机组装的特点

电子产品的整机组装是非常重要的一个过程，具有如下特点：

1. 总装是把半成品装配成合格产品的过程。

2. 总装过程中涉及的半成品或有关零件、部件，必须经过调试和检验，不合格的不能投入总装线。

3. 总装技术由多种基本技术组成，如元器件的质检技术、导线的加工技术、焊接技术等。总装过程要根据整机的结构情况，选用合理的安装工艺，用经济、高效、先进的装配技术，使产品达到预期的效果，满足各项指标。

4. 对于量产的产品，要严格按照流水线工艺要求，在各自工位上完成工作，并在各工位之间形成自检、互检的制度，严把质量关。

5. 整机总装的流水线作业将整个流程划分为若干简单的操作，每个工位往往会涉及不同的安装工艺，因此，需要相关人员保证产品的安装质量，熟悉相关工位的要求。

二、整机组装的分级

按组装级别来分，整机装配可分为元件级、插件级、系统级和成套设备级。

1. 元件级

元件级组装是指电路元器件、集成电路的组装，是组装中的最低级别。在元件级的组装中，主要涉及印制电路板的组装。印制电路板组装工艺是将电子元件按一定方向和次序装插到印制电路板规定的位置上，并用紧固件或锡焊方法把元器件固定的过程。

2. 插件级

插件级组装是指组装和互联装有元器件的印制电路板或插件板等。

3. 系统级

系统级组装是将插件级组装件，通过连接器、电线电缆等组装成具有一定功能的完整的电子产品设备。要构成完整的系统级设备，需对面板、机壳和其他部件进行安装。

面板、机壳的装配工艺要求：

单元 **5**

（1）装配前要对面板、机壳进行质量检查。

（2）在生产流水线上要防止损伤面板、机壳。

（3）装配面板、机壳时，一般是先里后外、先小后大。搬运面板、机壳要轻拿轻放，不能碰压。

（4）面板、机壳上使用风动旋具紧固自攻螺钉时，风动旋具与工件应互相垂直，不能发生偏斜。

（5）铭牌、装饰板、控制指示片等应按要求贴在指定位置，端正牢固。

（6）面板要装配到位。

（7）采用面板和外壳的镶嵌结构，可以少用或免用自攻螺钉紧固前、后盖。

4. 成套设备级

成套设备级组装是将系统级组装形成的完整电子产品设备，按照一定的功能和需求，组装成的成套设备或系统。

三、生产流水线

1. 生产流水线

生产流水线又叫流水生产或流水作业，是指按一定的工艺路线和统一的生产速度，连续不断地通过各个工作地，按顺序进行加工并生产出产品的一种生产组织形式。它是向专业化组织形式的进一步发展，是劳动分工较细、生产效率较高的一种生产组织形式。

（1）组织流水线生产需要具备的条件

1）产品品种稳定，是社会上长期需要的产品。

2）产品结构先进，设计定型，产品是标准化的，并具有良好的结构工艺性。

3）原材料及协作件是标准的、规格化的，并能按时供应。

4）机器设备能经常处于完好状态，实行计划预修制度。

5）各生产环节的工作能稳定地达到工作质量标准，产品检验能随生产在流水线上进行。

（2）流水线生产的主要优点

1）能使产品的生产过程较好地符合连续性、平行性、比例性以及均衡性的要求。

2）生产率高，能及时地提供市场大量需求的产品。

3）由于是专业化生产，流水线上采用专用的设备和工艺装备以及机械化的运输装置，因而可以提高劳动生产率，缩短生产周期，减少在制品占用量和运输工作量。

4）加速资金周转，降低生产成本。

5）可以简化生产管理工作，促进企业加强生产技术准备工作和生产服务工作。

（3）流水线生产的主要缺点

1）不能及时适应市场对产品产量和品种变化的要求，不能适应技术革新和技术进步的要求。

2）对流水线进行调整和改组需要较大的投资，需要花费较多的时间。

3）工人在流水线上工作比较单调、紧张、容易疲劳，不利于提高工人生产技术

单元 5

水平。

2. 流水节拍

流水节拍是指某个作业班组在某个流水作业段上的持续时间。确切地说，流水节拍是指在组织流水作业时，某个专业工作队在一个作业段上的施工时间。它的大小关系着投入的劳动力、机械和材料量的多少，决定着作业的速度和节奏性，在每段流水操作的时间定为相等时，这个相等的时间就叫作流水节拍。

3. 流水线的工作方式

目前的生产大都采用印制电路板插件流水线的方式，插件形式有自由节拍形式和强制节拍形式两种。

自由节拍形式是由操作者控制流水线的节拍来完成操作工艺。这种方式的时间安排比较灵活，但生产效率低。

强制节拍形式是指每个操作工人必须在规定的时间内把所要求插装的元器件、零件准确无误地插到线路板上，这种流水线方式工作内容简单，动作单纯，记忆方便，可减少差错，提高工作效率。

第2节 整机组装工艺要求及过程

单元 **5**

→ 1. 掌握整机组装的工艺要求
→ 2. 能按工艺要求和设计意图进行整机组装

一、整机组装工艺要求

1. 整机组装的顺序

整机组装的工艺流程如图5—1所示。

图5—1 总装一般工艺流程

从图5—1可看出，总装前需要对焊接好的具有一定功能的印制电路板进行调试，也叫板调，板调合格后进入总装过程。在总装线上把具有不同功能的印制电路板安装在整机的机架上，并进行电路性能指标的初步调试。调试合格后再把面板、机壳等部件进行合拢总装，然后检验整机的各种电气性能、力学性能和外观，检验合格后即进行产品包装和入库。收录机总装工艺在量产的时候是流水线作业，结合上述一般工艺流程，收录机的具体工艺流程如图5—2所示。

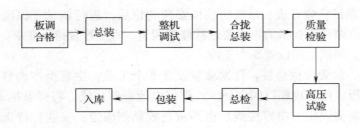

图5—2　收录机总装工艺流程

以调幅立体声单卡收录机为例，简述总装的工艺流程。

（1）板调。板调是将完成插焊、具有不同功能的印制电路板在工装夹具上进行调试。印制电路板经过测试调整，相关项目都要达到规定的技术指标。调试不合格的印制电路板要挑选出来进行针对性修理，直至合格。只有合格的印制电路板才能流入总装线。板调为以后总装的质量打下基础。根据产品的产量、工作量大小，板调工序一般设置五六个工位。

（2）总装。总装是将合格的印制电路板以及其他配套零部件或组件通过螺装、铆装和胶接等工艺，安装在整机机架上，也就是前面所讲的面板和机壳上。总装一般设置20个工位，其工艺过程主要包含以下几点：

1）收录机面板上装扬声器。主要包括：用超声波机把扬声器网罩压入相应位置；翻过面板，把网罩四个折脚箱内折弯扣紧在扬声器面板上。每个流水工位的工作台上都放有软垫，以保护面板和网罩。收音刻度位置涂黄色胶黏剂，贴上收音刻度尺镜。将焊好接线的高音、低音扬声器用自攻螺钉固定在面板背后带加强筋的柱子上，然后在螺钉与面板接合处滴上黄色胶黏剂，防止螺钉松动。装配微型受话器板和发光二极管指示板，用塑料搭扣扎好扬声器接线和受话器接线，并滴上黄色胶黏剂固定。高音扬声器信号线要绞合走线，以减小外界对信号的干扰。

2）装配调谐器。主要包括：在调谐支架上安装好调谐轴、调谐轮、拉线盘等；把调谐支架安装在装配位置上；在滑轮轴上套调谐滑轮；装调谐弦线和指针，指针与滑块接合处滴上黄色胶黏剂固定，指针与收音刻度盘线要平行。

3）固定录音机芯。主要包括几个方面：焊好磁头接线和电动机电源线，磁头接线需用屏蔽线，以防止录放音信号受外界干扰；机芯各键滴上黄色胶黏剂后装好各键的按钮；用自攻螺钉将录放机芯固定在面板内；录放机芯的磁头接线和电动机电源线的焊接要正确，焊点要光洁圆滑、无虚假焊；布线要合理，并用搭扣固定，不妨碍磁头和按键的运动；电动机传动带套入槽内不脱落；各按键动作灵活、弹跳自如、无划痕；录音弹簧位置正确、不松动；机芯的固定螺钉安装到位无缺陷。

4）固定录音板、录放功能板。主要包括：将收音板上的四联电容器轴对准拉线盘轴孔，压入固定，并用自攻螺钉固定收音板，用自攻螺钉固定录放功放板，按工艺要求焊好收音板上的短波天线、排线；焊好录放功放板上的磁头接线、耳机接线、机芯电动

单元
5

机接线、立体声信号线、电源线等，并用搭扣扎好。

（3）整机调试。收音板、录放功放板安装到位后，进行调试，保证各项技术指标符合工艺要求。调试不合格的整机要进行修理调整，直至符合指标要求。调试合格的可进行后盖总装。调试工序设置 5 个工位。

（4）面板、后盖合拢总装。合拢总装设置 8 个工位，主要操作内容包括：在后盖内安装好电源板，用自攻螺钉固定到位；焊好电池弹簧接线，将弹簧插入电池盒扣紧，并滴上黄色胶黏剂固定。布好接线后也滴黄色胶黏剂固定；安装拉杆天线，装配手提把，检查面板、后盖的外观，应无划痕缺陷，机内无线头、螺钉、螺母、焊锡渣等异物；收音部分通电检查，打开电源开关电源指示灯应发光，接收调频台时立体声指示灯应发光；上述装配内容完成后，进行面板、后盖合拢，用自攻螺钉固定装配好；用黄色胶黏剂贴好功能开关防尘纸，装插好功能开关按钮、音量按钮和均衡按钮；盒式门装饰片用黄色胶黏剂固定在盒式门上，装好阻尼器、盒式门弹簧和盒式门，检查盒式门无划痕，开启灵活、速度一致；最后，在面板上贴铭牌商标。

至此，收录机整机总装工序基本结束。

（5）质量检验。收录机整机总装后，进行质量检验，这是整机总装的质量控制点之一。质量检验工序需设置 5 个工位，主要包括以下几方面的检验：短波、中波和调频波的收音检验；放音功能检验；录放功能检验；耐压试验；上述检验合格后进入整机质量总检，若质检不合格，要针对存在的缺陷进行修理调整，直至合格，否则不能流入质量总检工位。

（6）整机质量总检。整机经质量检验合格后，进行质量总检，检验内容主要包括几个方面：整机外观检验，要求面板、后盖无划痕、污迹，标志牌粘贴牢靠，螺钉紧固可靠，整机面板、后盖上漏印的文字图样清晰；机上所有功能键、开关要灵活好用，移动均衡器、音量电位器应平滑，无跳动阻碍现象；旋转调谐钮应轻巧、灵活，调谐指针的移动顺畅、活动满足要求；收音、录放音的功能正常。经检验合格后，给整机贴上合格证标签，可进入包装工序。假如总检不合格，应经过修理，排除故障，合格后方能入库。

2. 整机组装的基本原则

总装安装工艺原则是制定安装工艺规程时应遵循的基本原则。在流水线上，一部无线电整机的安装是比较复杂的，要经过不少工位、工序，采取不同的装联方式和安装顺序。装配时一般应注意以下原则：先轻后重、先小后大、先铆后装、先装后焊、先里后外、先低后高、上道工序不影响下道工序、下道工序不应改变上道工序的安装，注意前后工序的衔接，使操作者感到方便、省力和省时。

3. 整机组装工艺的基本要求

整机组装工艺包括总装配、各种装联、调试、检验和包装。这些工艺都有它们的特定操作过程，所以产品安装应是正确运用各种工艺并有一个合理顺序的过程。如果安装工艺方法不正确，就不可能实现产品预定的各项技术指标，或不能用最合理、最经济的方法实现。

（1）安装工艺涉及的各种装联、调试、检验、包装和整机的总装配的安装方法主要包括：

1）总装配是综合运用各种装联工艺的过程。

2）每个工位的操作内容分解较细，并在每个工位配有指导卡，指导卡指明了操作次序，而且图示清楚，能够指导操作人员进行操作，因此，装配工应按照工艺指导卡进行操作。

3）采用安全互换法安装。安装过程中采用标准化的零部件，无须进行任何修配就能互换安装，操作简单方便。

4）为保证产品的产量和质量，在总装流水线上，要做到均衡生产，而这个均衡是相对的，不均衡是绝对的。总装中往往会出现因工位布局不合理、人员状况变化及产品机型变化等因素，使各工位工作量不均衡，这时要及时调整工位人数或工作量，使流水线作业畅通。

5）若质量反馈表明装配存在质量问题时，要及时调整工艺方法。

6）不同种类的电子产品，其安装方法是不同的，即使是同类的产品，由于采用的元器件和零部件发生了变化，其安装方法也会有变化。

（2）在整机安装过程中，安装工艺要满足以下要求：

1）装配要正确

①在总装的过程中，要用到很多零部件，它们的规格型号要完全符合工艺规定。总装流水线上生产的品种很多，同一种产品也有很多种规格型号，流水线上装配的产品机型更换频繁，容易造成原料、产品之间的混淆。

除了要加强原材料的工艺管理之外，每个操作人员都要熟悉本工位的操作内容和要求，所用材料的型号、规格和数量都要核对正确，发现错误之处要及时向工艺部门反映，杜绝生产线上错误的发生。例如，电容的耐压值选择错误，电阻的功率值选择错误，或者将粗牙的紧固螺钉当作细牙使用，发生脱落现象，无法保证紧固件的牢固可靠。

当使用材料的型号、规格发生变化时，应以工艺部门下达的更改文件为准，不能新旧文件并用。

②整机安装生产线上普遍使用机动螺钉旋具紧固安装件，为了保证被紧固的工件结合可靠，要使旋具垂直工件不偏斜，力矩的大小选择要合适。机动螺钉旋具中，风动螺钉旋具的风压易波动，力矩的大小不易稳定。电动螺钉旋具的力矩稳定，装配质量好。

③安装的元器件和零部件要端正，不能偏斜，尤其整机电源部分及高频高压部分的零部件之间的绝缘距离要符合安全的要求。

特殊元器件在手工焊接时，操作人员要戴接地手环，电烙铁要接地，防止元器件被静电或漏电击穿。每天上岗前要进行相关的安全检查，确保接地良好，做好检查记录。

④整机安装前，零部件用螺钉紧固后，螺钉头部再滴红色胶黏剂固定，以防松脱。铆装时不允许有松动现象，铆钉不应偏斜，铆钉头部不应有开裂、毛刺或不光滑等现象。

⑤整机安装现场的环境条件，各种干扰对整机的安装质量有直接影响。保证工作环境良好，操作人员穿工作服、工作鞋，戴手套、工作帽等，并经常保持清洁。流水线工作台及常用工具、仪器仪表要清洁、摆放整齐。

2）产品的外观要保护好

整机的外观和面板直接影响着整机的形象，在整机安装的过程中，要注意保护好面板、外壳和后盖，防止出现划伤、破裂等现象。

①工作台传送带上设有软布或塑料泡沫垫，供摆放注塑件用，操作人员要轻拿轻放，防止损坏。

②对于体积较大的注塑件，容易损坏的，要注意防护，如加外罩等。

③在使用搬运车搬运注塑件的过程中，要单层摆放，防止在搬运过程中造成损坏。

④操作人员要规范操作，防止沾染油污、汗渍。防止电烙铁放置不当带来的损坏。防止胶黏剂污染外壳，应及时用清洁剂擦净。

⑤生产线要确保清洁无粉尘，面板、机壳装配完毕要用风枪吹扫，并用清洁剂擦拭干净。

3）总装中的每个阶段都要严格执行自检、互检和专职调试检验的"三检"原则。

①各功能电路板在总装前要调试合格，这是初调合格的工艺保证。

②总装的接线要合理布线、走线。高低电平高频信号线要注意屏蔽，减少互相干扰而影响声像信号。连接导线两端的焊接要可靠，必要时在导线插接处涂上胶黏剂，防止导线脱落或折断。

③安装完毕，机内异物要清除干净，杜绝安全隐患。

④印制电路板中出现高压和低压电路时，要注意用 RC 元件将两部分电路隔离，防止电流互相串扰，而且应在 RC 元件引线上滴注绝缘胶黏剂。

⑤大功率高频元器件在紧固安装时，不应有尖端毛刺，防止产生尖端放电。

⑥绝缘导线穿过金属机座孔时，孔上要安装绝缘圈，防止磨损导线的绝缘层。

⑦电路和屏蔽件的接地情况要良好，确保各级电路就近接地，本级电路接地尽量接在一起。屏蔽件的接地焊点要光滑无虚、假焊，防止产生屏蔽不良，甚至干扰加剧的现象。

二、整机组装的过程

整机组装的过程与工艺流程一致，大致过程如下。

1. 零部件的配套准备

在整机装配之前，要根据工艺文件的要求，准备好产品配套的电子零部件，做好整机装配的准备。

2. 零部件的装联

按照工艺文件的要求与零部件自身的安装工艺，要将零部件按要求安装在印制电路板的相应位置。

印制电路板元器件的装插主要包括以下几个过程：

（1）元器件整形。为了保证装接质量，元器件在装插前必须进行引线、管脚的整形。

（2）印制电路板铆孔。质量比较大的电子元器件在印制电路板上的装插孔，要用铜铆钉加固，防止元器件装插焊接后，因振动等原因而发生焊盘剥脱损坏现象。

（3）散热片的安装。大功率的三极管、功放集成电路等需要散热的元器件，要预先做好散热片的装配准备工作。

（4）进入流水线插装。插件流水线作业是把印制电路板组装的整体装配分解为各个工位的简单装配，每个工位固定插装一定数量的元器件，使操作过程大大简化。

3．一般元器件的插装方法及要求

（1）每个工位的操作人员将已经检验合格的元器件按不同品种、规格装入容器或纸盒中，并整齐放置在工位插件板的前方位置上。

（2）选择印制电路板插装元器件的路线，路线一般有两种，一种是把相同品种、相同规格的元器件集中在一起插装，另一种是按电路流向分区插装各种规格的元器件。一般选择后一种方法，尤其适合大批量、多品种且产品更换频繁的生产线。

（3）元器件的装插应遵循先小后大、先轻后重、先低后高、先里后外的原则，这样有利于插装进行。

（4）元器件的安装有水平插装法和立式插装法。水平插装是将元器件贴近印制电路板插装，其优点是稳定性好、比较牢固，适用于体积较大或立式插装不稳定的元件。立式插装的优点是密度较大，占用印制电路板的面积小，拆卸方便，插装电容、半导体三极管常用此法。

（5）电阻元件水平插装时，标记号应向上、方向一致，便于观察。

（6）电容及三极管立式插装时，引线不能保留太长，否则将降低元器件的稳定性，也不能过短，以免焊接时因过热损坏元器件。一般要求距离电路板面2 mm，并且要注意电解电容的极性，不能插错。

（7）整机产品的印制电路板集中了各种电路，为保证安全标准，对电源电路和高压电源部分，必须注意保持元器件间的最小放电距离。

（8）元器件的引线加绝缘套管可以防止元器件接触短路，高压电路部分的元器件加上绝缘套管可以增加电气绝缘性能，增加元器件的强度。

（9）插装元器件要戴手套，尤其是插装易氧化、易生锈的金属元器件，戴上手套可以防止汗渍对元器件的腐蚀作用。

（10）玻璃壳体的二极管易损坏，其引线不宜紧靠根部弯折，应将其引线适当留长。

（11）印制电路板插装元器件后，元器件的引线穿过焊盘应保留一定的长度。

（12）插件流水线上插装元器件后要注意插件板和元器件的保护。

单元
5

（13）插装好元器件的印制电路板应单层平放在专用的多层运输车上，送往相应工位准备进行元器件的焊接。

4. 整机调试

整机调试一般按照下面顺序进行。

（1）调试的准备

1）素质准备。对调试人员的知识能力素质准备的基本要求：

①明确电路调试的目的和要求，明确电路要达到的技术性能指标。

②熟练使用测量仪器和测试设备，能够掌握正确的使用方法和测试方法。

③掌握一定的调整和测试电子电路的调试方法。

④能够运用电子电路的基础理论分析处理测试数据和排除调试中的故障。

⑤能够在调试完毕后写出调试总结并提出改进意见。

2）手段准备

①准备技术文件。主要是指做好技术文件、工艺文件和质量管理文件的准备，如电路（原理）图、方框图、装配图、印制电路板图、印制电路板装配图、零件图、调试工艺和质检程序与标准等文件。要求掌握上述各技术文件的内容，了解电路的基本工作原理、主要技术性能指标、各参数的调试方法和步骤等。

②准备测试设备。要准备好测量仪器和测试设备，检查其是否处于良好的工作状态，是否有定期标定的合格证，检查测量仪器和测试设备的功能选择开关、量程挡位是否处于正确的位置，尤其要注意测量仪器和测试设备的精度是否符合技术文件规定的要求，能否满足测试精度的需要。

③准备被调试电路。调试前要检查被调试电路是否按电路设计要求正确安装连接，有无虚焊、脱焊、漏焊等现象，检查元器件的好坏及其性能指标，检查被调试设备的功能选择开关、量程挡位和其他面板元器件是否安装在正确的位置。经检查无误后方可按调试操作程序进行通电调试。

对被调试电路的准备具体分为以下几点：

a. 连线是否正确。检查电路连线是否正确，包括错线、少线和多线。查线的方法通常有两种，一种是按照电路图检查安装的线路。这种方法的特点是根据电路图连线，按一定顺序逐一检查安装好的线路。由此，可比较容易地查出错线和少线。另一种是按照实际线路来对照原理电路进行查线。这是一种以元件为中心进行查线的方法。把每个元件（包括器件）引脚的连线依次查清，检查每个引脚的去处，在电路图上是否存在。这种方法不但可以查出错线和少线，还容易查出多线。为了防止出错，对于已查过的线通常应在电路图上做出标记，最好用指针式万用表"Ω×1"挡，或数字式万用表"Ω挡"的蜂鸣器来测量，而且直接测量元器件引脚，这样可以同时发现接触不良的地方。

b. 元器件安装情况。检查元器件引脚之间有无短路，连接处有无接触不良，二极管、三极管、集成电路和电解电容极性等是否连接有误。

c. 电源供电情况、信号源连线是否正确。检查直流极性是否正确，信号线是否连接正确。

d. 电源端对地是否存在短路。在通电前，断开一根电源线，用万用表检查电源端对地是否存在短路。检查直流稳压电源对地是否短路。若电路经过上述检查，并确认无误后，就可转入调试。

3）屏蔽室或车间调试生产线一般都有安全措施，但调试人员必须按安全操作规程重复做好个人准备。

4）调试之前，应把调试用的图样、文件、工具及备用件放置在适当的位置上。

（2）装接质量复检。检查电路板插件是否正确，焊接是否有漏焊、虚焊和引脚相碰短路等情况。检查无误后，方可通电。

（3）通电调试。通电时，应注意不同类型整机的通电程序。通电之后应观察整机内部有无放电、打火、冒烟现象，有无异常气味，整机上各种仪器指示是否正常。如发现有异常现象，立即按程序断电，即先断开高压，再断低压。如有高压大容量电容器，应使用放电棒进行放电后，再排除故障。若通电后一切正常，可进行静态调试。静态调试正常方可进行动态调试。

特别提示

调试人员在进行调试时应单手操作，以防触电。

5. 老化试验

将电子产品进行常温老化，考核整机元器件及其他零部件的使用性能。

6. 老化后整机总检

对老化后的整机再次进行测试调整，确保整机的性能指标符合要求。主要包括以下几方面：

（1）电性能检查。检查控制板各按键、旋钮的功能，各项性能指标应符合标准。

（2）机内异物检查。检查机内有无螺钉、垫圈、扎线头、焊锡渣等异物，防止引起机内电路短路及其他电路故障。

（3）内部装配质量检验。机内扎线、布线要符合工艺要求，查看机内螺钉或支架有无松脱或漏装，检查机内各插线头是否到位，标志贴纸是否存在漏贴、错贴的情况，查看各元器件有无灰尘。

7. 后盖装配

整机经上述检验合格后，进入前壳、后盖的合拢装配工序。

8. 包装、入库和出厂

单元 **5**

第3节　新型焊接技术

→ 1. 了解新型焊接技术

→ 2. 了解新型焊接技术在生产中的应用

一、无铅焊接和免清洗焊接技术

1. 无铅焊接技术

在焊料的发展过程中，锡铅合金一直是最优质的、廉价的焊接材料，无论是焊接质量还是焊后的可靠性都能够达到使用要求；但是，随着人类环保意识的加强，"铅"及其化合物对人体的危害及对环境的污染，越来越被人类所重视。

（1）焊料中的有害物质

1）印刷电路板和元器件靠焊料形成电路连接，焊料里有大量的铅，铅能伤害人体的神经系统。

2）电池、平板液晶显示器里含有汞和镉，如果进入食物链，被人体吸收，会引起肾吸收功能障碍并影响呼吸系统和肠胃消化系统。

3）电路板制造时会在材料中添加含有钡、铍、铬等物的阻燃剂等材料，它们对于健康都有损害作用。

4）结构件的电镀会产生六价铬，人体吸收六价铬之后容易引起肺癌和皮肤炎。

5）焚烧电子垃圾时，由于其净化装置不安全，通常造成焚烧废气和飞灰，其中含有大量的二恶英，尤其是用作导线包装材料的聚氨乙烯，在低温燃烧时会产生大量的二恶英。

美国环境保护署将铅及其化合物定性为17种严重危害人类寿命与自然环境的化学物质之一，铅可通过渗入地下水系统而进入动物或人类的食物链；在日常工作中，人体可通过皮肤吸收、呼吸、进食等吸收铅或其化合物，当这些物质在人体内达到一定量时，会影响体内蛋白质的正常合成，破坏中枢神经，造成神经和再生系统紊乱，使人出现呆滞、贫血、智力下降、高血压甚至不孕等症状；铅中毒属重金属中毒，在人体内它还有不可排泄并且会逐渐积累的问题。

（2）无铅焊料的发展。在如今与国际接轨的竞争中，国内厂商为尽快地适应国际市场的要求，逐渐意识到产品无铅化的重要性，绿色环保产品是新世纪的主流，多个国家已经投入了大量的精力研制无铅焊料，无铅焊料的发展主要经历了以下几个重要过程：

1）1991年和1993年，美国参议院提出将电子焊料中铅含量控制在0.1%以下的要求，遭到美国工业界强烈反对而夭折。

2）1991年起，各组织相继开展无铅焊料的专题研究，耗资超过2 000万美元，目前仍在继续。

3）1998 年，日本修订家用电子产品再生法，驱使企业界开发无铅电子产品。

4）1998 年 10 月，日本松下公司第一款批量生产的无铅电子产品问世。

5）2000 年 6 月，美国 IPCLead – Free Roadmap 第 4 版发表，建议美国企业界于 2001 年推出无铅化电子产品，2004 年实现全面无铅化。

6）2000 年 8 月，日本 JEITA Lead – Free Road map 1.3 版发表，建议日本企业界于 2003 年实现标准化无铅电子组装。

7）2002 年 1 月，欧盟根据问卷调查结果向业界提供关于无铅化的重要统计资料。

8）2003 年 3 月，中国信息产业部拟定《电子信息产品生产污染防治管理办法》，提议自 2006 年 7 月 1 日起投放市场的国家重点监管目录内的电子信息产品不能含有铅。

（3）无铅焊接的要求。采用无铅焊接材料，对焊接工艺会产生严重的影响。因此，在开发无铅焊接工艺中，必须对焊接工艺的所有相关方面进行优化。Georze Westby 的关于开发无铅焊接工艺的五步法有助于无铅焊接工艺的开发和工艺优化。

1）选择适当的材料和方法。在无铅焊接工艺中，焊接材料的选择是最具挑战性的。因为对于无铅焊接工艺来说，无铅焊料、焊膏、助焊剂等材料的选择是最关键的，也是最困难的。在选择这些材料时还要考虑焊接元件的类型、线路板的类型，以及它们的表面涂敷状况。选择的这些材料应该是在自己的研究中证明了的，或是权威机构或文献推荐的，或是已有使用的经验。把这些材料列成表以备在工艺试验中进行试验，以对它们进行深入的研究，了解其对工艺的各方面的影响。

对于焊接方法，要根据自己的实际情况进行选择，如元件类型（表面安装元件、通孔插装元件）；线路板的情况；板上元件的多少及分布情况等。对于表面安装元件的焊接，需采用回流焊的方法；对于通孔插装元件，可根据情况选择波峰焊、浸焊或喷焊法来进行焊接。波峰焊更适用于整块板（大型）上通孔插装元件的焊接；浸焊更适用于整块板（小型）上或板上局部区域通孔插装元件的焊接；局喷焊剂更适用于板上个别元件或少量通孔插装元件的焊接。另外，无铅焊接的整个过程比含铅焊料要长，而且所需的焊接温度要高，这是由于无铅焊料的熔点比含铅焊料的高，而它的浸润性又要差一些。

在焊接方法选择好后，其焊接工艺的类型就确定了。这时就要根据焊接工艺要求选择设备及相关的工艺控制和工艺检查仪器，或进行升级。焊接设备及相关仪器的选择跟焊接材料的选择一样，也是相当关键的。

2）确定工艺路线和工艺条件。在第一步完成后，就可以对所选的焊接材料进行焊接工艺试验。通过试验确定工艺路线和工艺条件。在试验中，需要对列表选出的焊接材料进行充分的试验，以了解其特性及对工艺的影响。这一步的目的是开发出无铅焊接的样品。

3）开发健全焊接工艺。在工艺试验中，要改进材料、设备或改变工艺，以便获得在实验室条件下的健全工艺。在这一步还要弄清无铅合金焊接工艺可能产生的沾染并知

单元 5

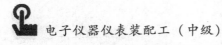

道如何预防，测定各种焊接特性的工序能力值，以及与原有的锡/铅工艺进行比较。通过这些研究，就可开发出焊接工艺的检查和测试程序，同时也可找出一些工艺失控的处理方法。

4）对焊接样品进行可靠性试验，以鉴定产品的质量是否达到要求。如果达不到要求，需找出原因并进行解决，直到达到要求为止。一旦焊接产品的可靠性达到要求，无铅焊接工艺的开发就获得成功，这个工艺就为规模生产做好了准备。一切准备就绪，就可以从样品生产转变到工业化生产。在这时，仍需要对工艺进行监视以维持工艺处于受控状态。

5）控制和改进工艺。无铅焊接工艺是一个动态变化的舞台。工厂必须警惕可能出现的各种问题以避免出现工艺失控，同时也还需要不断地改进工艺，以使产品的质量和合格品率不断得到提高。对于任何无铅焊接工艺来说，改进焊接材料，以及更新设备都可改进产品的焊接性能。

2. 免清洗焊接技术

（1）免清洗焊接技术的概念。免清洗工艺是针对原先采用的传统清洗工艺而言的，是建立在保证原有品质要求的基础上简化工艺流程的一种先进技术，而不是简单的"不清洗"——只是针对某些低档消费品在品质可靠性方面要求不高的特点而采取的，虽然省却了清洗环节，却是建立在相对降低品质基础上的。

传统清洗工艺一直采用 CFC 氟氯烃产品及 1.1.1—三氯乙烷等作为清洗剂，用于装配板（PBA）的焊接后清洗，以清除 PBA 表面残留导电物质或其他污染物，保证产品使用的长期可靠性。但是，CFC 等清洗剂中含有 ODS 臭氧耗竭原物质，破坏生态环境，严重威胁人类的安全。

免清洗焊接技术包括免洗波峰焊技术和免洗回流焊技术。前者由传统波峰焊接技术发展而来，通过对设备、材料等方面的变革达到免清洗效果，主要解决通孔元器件和混装联技术中固化表面元器件的波峰焊接。而后者则是目前在国内较为流行的表面元件装配中的重要工艺环节，通过材料选择和工艺控制来达到免清洗效果，主要解决表面贴装元器件的回流焊接。

（2）免清洗焊接技术。目前，有两种技术可以实现免清洗焊接，一种是惰性气体焊接技术，另一种是反应气氛焊接技术。

1）惰性气体焊接技术。在惰性气体中进行波峰焊接和再流焊接，使 SMT 电路板上的焊接部位和焊料的表面氧化被控制到最低限度，形成良好的焊料润湿条件，再用少量的弱活性焊剂就能获得满意的效果。常用的惰性气体焊接设备有开放式和封闭式两种。

开放式惰性气体焊接设备采用通道式结构，适用于波峰焊和连续式红外线再流焊。用氮气降低通道中的氧气含量，从而降低氧化程度，提高焊料润湿性能，提高焊接的可靠性。但开放式惰性气体焊接设备的缺点是要用到甲酸物质，会产生有害气体，并且其工艺复杂，成本高。

封闭式惰性气体焊接设备也采用通道式结构，只是在通道的进出口设置了真空腔。在焊接前，将电路板放入真空腔，封闭并抽真空，然后注入氮气，反复抽真空、注入氮气的操作，使腔内氧气浓度小于 5×10^{-6}，由于氮气中原有氧气的浓度小于 3×10^{-6}，所以腔内总的氧气浓度小于 8×10^{-6}。然后让电路板通过预热区和加热区。焊接完毕，电路板被送到通道出口处的真空腔内，关闭通道门后，取出电路板。这样整个焊接在全封闭的惰性气体中进行，不但可以获得高质量的焊接，而且可以实现免清洗。

封闭式惰性气体焊接可用于波峰焊、红外和强力对流混合的再流焊，由于在氮气中焊接，减少了焊料氧化，使润湿时间缩短，润湿能力提高，提高了焊接质量而且很少产生飞溅的焊料球，使电路极少受到污染和氧化。由于采用封闭式系统，所以能有效地控制氧气及氮气浓度。在封闭式惰性气体焊接设备中，风速分布和送风结构是实现均匀加热的关键。

2）反应气氛焊接技术。反应气氛焊接是将反应气氛通入焊接设备中，从而完全取消助焊剂的使用，反应气氛焊接技术是目前正在研究和开发中的技术。

（3）使用清洗工艺产生的问题

1）生产过程中产品清洗后排出的废水，带来水质、大地以至动植物的污染。除了水清洗外，特别是应用含有氯氟氢的有机溶剂（三氯乙烷）作清洗，也会对空气、大气层造成污染和破坏。

2）增加清洗工序操作及机器保养成本。另外一个不容忽视的是机器保养和手工焊接的人工成本，这是长期存在的，而且随着机器的使用期限越长，保养成本也会相应增加，直到设备报废重新购买。

3）增加板卡（PCBA）在移动与清洗过程中造成的伤害。这些清洗工序和手工焊接工序不仅增加清洗工序操作及机器保养成本，更重要的是增加了板卡在移动或清洗过程中的运转不慎或非法撞击带来的机械损伤。由于这些工序属于人工操作，存在不可控制性，板卡上的静电敏感器件极易被静电损伤，并且产品质量很难保证。有些元件不能够承受手工焊接所使用的 350℃ 高温，被严重烫伤，直到测试或整机验证时才发现。有些需要手工补焊的元件作业不良漏焊或焊接失效，造成质量事故和返工，严重时会影响产品交期和客户满意度。

4）有部分元件不能够清洗。目前，业界随着电子产品制造业的利润近乎肉搏战，各个企业为压缩生产成本，纷纷采用免清洗技术。致使绝大多数原材料供应商在产品设计时只是考虑免清洗制造过程，工业和信息化部指出，超声清洗对弹性触点元件（如微动开关/继电器等）损坏极大，损坏率高达30%。使用超声波清洗过程中频频出现本体破损、字迹模糊、超声振坏、结构松动等不良现象。这些问题轻则全部返工，重新手工焊接换上良品后手工清洗，使昂贵的板卡再经受一次加热过程，增加制造成本并且缩短产品寿命。重则全部报废，损失更惨重。目前，国外超声波清洗主要用于民用电子产品中 SMA 清洗，对于军用及生命保障类的产品仍以不使用为宜。

5）具有清洗设备的外协厂日益减少，使用清洗工艺会造成受制于外协加工厂的局面。在免清洗技术占据加工业的主流地位后，出于对成本的考虑，PCBA 加工厂自然不会再将昂贵的清洗设备闲置在生产线上。由于产品需要进行超声波清洗工艺，在选择外协加工厂时，有没有清洗设备自然是评估的第一要素。导致所能够选择的厂商数量大幅减少，只能在为数不多的几家具备清洗能力的外协厂中做出选择。这些厂家由于竞争对手少，压力小，品质及交期意识不可能强，这也是制约 PCBA 测试直通率一直不能有较大提高的一个重要因素。

二、工业电子焊接技术

1. 浸焊技术

浸焊是将插装好元器件的 PCB 板在熔化的锡炉内浸锡，一次完成众多焊点焊接的方法。浸焊方法主要包括以下几种。

（1）手工浸焊。手工浸焊是由人手持夹具夹住插装好的 PCB，人工完成浸锡的方法，其操作过程如下：

1）加热使锡炉中的锡温控制在 250℃ 左右。

2）在 PCB 板上涂一层（或浸一层）助焊剂。

3）用夹具夹住 PCB 浸入锡炉中，使焊盘表面与 PCB 板接触，浸锡厚度以 PCB 厚度的 1/2 ~ 2/3 为宜，浸锡的时间为 3 ~ 5 s。

4）以 PCB 板与锡面成 5 ~ 10°的角度使 PCB 离开锡面，略微冷却后检查焊接质量。如有较多的焊点未焊好，要重复浸锡一次，对只有个别不良焊点的板，可用手工补焊。注意经常刮去锡炉表面的锡渣，保持良好的焊接状态，以免因锡渣的产生而影响 PCB 的干净度及清洗问题。

手工浸焊的特点：设备简单、投入少，但效率低，焊接质量与操作人员熟练程度有关，易出现漏焊，焊接有贴片的 PCB 板较难取得良好的效果。

（2）机器浸焊。机器浸焊是用机器代替手工夹具夹住插装好的 PCB 进行浸焊的方法。当所焊接的电路板面积大，元件多，无法靠手工夹具夹住浸焊时，可采用机器浸焊。

机器浸焊的过程：线路板在浸焊机内运行至锡炉上方时，锡炉做上下运动或 PCB 做上下运动，使 PCB 浸入锡炉焊料内，浸入深度为 PCB 厚度的 1/2 ~ 2/3，浸锡时间 3 ~ 5 s，然后 PCB 离开浸锡位，移出浸锡机，完成焊接。该方法主要用于电视机主板等面积较大的电路板焊接，以此代替高波峰机，减少锡渣量，并且板面受热均匀，变形相对较小。

2. 波峰焊技术

（1）波峰焊概念。波峰焊是让插件板的焊接面直接与高温液态锡接触达到焊接目的，其高温液态锡保持一个斜面，并由特殊装置使液态锡形成一道道类似波浪的现象，所以叫"波峰焊"。

（2）波峰焊工艺。线路板通过传送带进入波峰焊机以后，会经过某个形式的助焊剂涂敷波峰焊装置，在这里，助焊剂利用波峰、发泡或喷射的方法涂敷到线路板上。由于大多数助焊剂在焊接时必须要达到并保持一个活化温度来保证焊点的完全浸润，因此，线路板在进入波峰槽前要先经过一个预热区。助焊剂涂敷之后的预热可以逐渐提升 PCB 的温度，并使助焊剂活化，这个过程还能减小组装件进入波峰时产生的热冲击。它还可以用来蒸发掉所有可能吸收的潮气或稀释助焊剂的载体溶剂，如果这些东西不被去除的话，它们会在过波峰时沸腾并造成焊锡溅射或者产生蒸汽留在焊锡里面形成中空的

单元
5

焊点或砂眼。波峰焊机预热段的长度由产量和传送带速度来决定。产量越高，为使板子达到所需的浸润温度就需要更长的预热区。另外，由于双面板和多层板的热容量较大，因此，它们比单面板需要更高的预热温度。

目前，波峰焊机基本上采用热辐射方式进行预热。最常用的波峰焊预热方法有强制热风对流、电热板对流、电热棒加热及红外加热等。在这些方法中，强制热风对流通常被认为是大多数工艺里波峰焊机最有效的热量传递方法。在预热之后线路板用单波 λ 波或双波扰流波和 λ 波方式进行焊接。对穿孔式元件来讲单波就足够了，线路板进入波峰时焊锡流动的方向和板子的行进方向相反，可在元件引脚周围产生涡流。

（3）波峰焊机基本操作规程

1）准备工作

①检查波峰焊机配用的通风设备是否良好。

②检查波峰焊机定时开关是否良好。

③检查锡槽温度指示器是否正常。

④检查预热器系统是否正常。

⑤检查切脚刀的工作情况。

⑥检查助焊剂容器压缩空气的供给是否正常。

待以上程序全部正常后方可将所需的各种工艺参数预置到设备的有关位置上。

2）操作规则

①波峰焊机要选派经过培训的专职工作人员进行操作管理，并能进行一般性的维修保养。

②开机前操作人员需佩戴粗纱手套拿棉纱将设备擦干净并向注油孔内注入适量润滑油。

③操作人员需佩戴橡胶防腐手套清除锡槽及焊剂槽周围的废物和污物。

④操作间内设备周围不得存放汽油、酒精、棉纱等易燃物品。

⑤焊机运行时操作人员要佩戴防毒口罩，同时要佩戴耐热耐燃手套进行操作。

⑥非工作人员不得随便进入波峰焊操作间。

⑦工作场所不允许吸烟、吃食物。

⑧进行插装工作时要穿戴工作帽、鞋及工作服。

3. 再流焊技术

（1）再流焊概述。再流焊又称"回流焊"，是伴随微型化电子产品的出现而发展起来的焊接技术，主要应用于各类表面组装元器件的焊接。

它提供一种加热环境，使预先分配到印制板焊盘上的膏状软钎焊料重新熔化，从而让表面贴装的元器件和 PCB 焊盘通过焊锡膏合金可靠地结合在一起的焊接技术。

再流焊操作方法简单，效率高，质量好，一致性好，节省焊料，是一种适合自动化生产的电子产品装配技术，目前已成为 SMT 电路板组装技术的主流。

再流焊使用的焊料是焊锡膏，预先在电路板的焊盘上涂上适量和适当形式的焊锡膏，再把 SMT 元器件贴放到相应的位置，焊锡膏具有一定黏性，使元器件固定，然后

单元
5

将贴装好元器件的电路板放入再流焊设备实施再流焊，通过外部热源加热，使焊料熔化而再次浸润，将元器件焊接到印制板上。

（2）与波峰焊技术对比。与波峰焊技术相比，再流焊工艺具有以下技术特点：

1）元器件受到的热冲击小。

2）能控制焊料的施加量。

3）有自定位效应——当元器件贴放有一定偏离时，由于熔融焊料表面张力作用，当其全部焊端或引脚与相应焊盘同时被润湿时，在表面张力作用下，自动被拉回到近似目标位置的现象。

4）焊料中不会混入不纯物，能正确地保证焊料的组分。

5）可在同一基板上，采用不同焊接工艺进行焊接。

6）工艺简单，焊接质量高。

（3）再流焊设备的分类

1）对 PCB 整体加热。对 PCB 整体加热再流焊可分为气相再流焊、热板再流焊、红外再流焊、红外加热风再流焊和全热风再流焊。

2）对 PCB 局部加热。对 PCB 局部加热再流焊可分为激光再流焊、聚焦红外再流焊、光束再流焊、热气流再流焊。

目前比较流行和实用的大多是远红外再流焊、红外加热风再流焊和全热风再流焊。

（4）再流焊系统组成。再流焊机的结构主体是一个热源受控的隧道式炉膛，沿传送系统的运动方向设有若干独立控温的温区，通常设定为不同的温度，全热风对流再流焊炉一般采用上、下两层的双加热装置。电路板随传动机构直线匀速进入炉膛，顺序通过各个温区，完成焊点的焊接，其结构如图 5—3 所示。

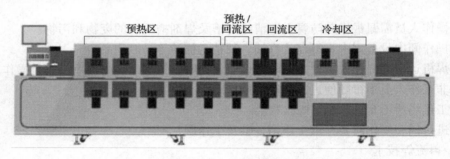

图 5—3　再流焊系统组成

再流焊机主要由以下几大部分组成：加热系统、热风对流系统、传动系统、顶盖升起系统、冷却系统、氮气装备、助焊剂回收系统、控制系统等。

单元测试题

1. 整机组装的分级都有哪些？
2. 生产流水线的概念是什么？

3. 什么叫作流水节拍?
4. 整机总装的基本原则是什么?
5. 焊料中的有害物质主要有哪些?
6. 再流焊技术的特点是什么?

单元测试题答案（略）

单元
5

第

6

单元

调试与检验基础

第1节 概述

培训目标

→ 1. 能按技术要求对核心零部件、整机装配质量进行检测
→ 2. 能按调试规程对产品进行调试，并能解决调试中的一般问题

电子产品是由许多的元器件组成的，由于各元器件性能参数具有很大的离散性（允许误差等）、电路设计的近似性，再加上生产过程中其他随机因素（如存在分布参数等）的影响，使得装配完成之后的电子产品在性能方面有较大的差异，通常达不到设计规定的功能和性能指标，这就是装配完成后必须进行检验和调试的原因。本章内容主要介绍检验工艺和调试技术的基础知识。

一、检验工艺

1. 检验工艺概述

（1）质量保证的一般要求

质量保证是指为了提供足够的信任表明实体（指运动或过程，产品，组织，体系或人，前述各项的任何组合）能够满足质量要求，而在质量体系中实施并根据需要进行证实的全部有计划和有系统的活动。

质量保证应符合产品质量保证体系的有关规定。产品从设计、研制、制造到销售过程中都应确保质量，要有明确的质量方针和定量化的质量目标，要有明确的质量标准和规范，并严格实施。

1）设计开发过程中质量保证要求。新品开发都必须有经过可行性论证的明确的质量指标（如技术、性能、安全性、可靠性、经济性等）；必须进行质量特征的重要性分级；必须有各阶段的质量评审活动，质量评审时必须具备性能测试和试验报告，可靠性和安全性设计报告，新品的应力分析及可靠性预测报告，失效分析报告和质量改进报告；必须有严格的测试和试验计划。

元器件管理过程质量保证要求产品所选用的元器件都应有明确的质量要求及试验方法，必须经过质量认定，并具备书面的认定文件；整机厂应具备各种元器件的周期试验和验收试验规范并严格实施；对各类元器件都应建立一套完整的入厂、检测、储存、预加工、失效分析和废品隔离制度。

2）生产过程的质量保证要求。上岗生产工人必须是经过培训并考试合格者；各工位都应有明确的工艺文件和质量要求及工艺文件执行情况检查制度。为了使工序处于稳定受控状态，各关键工序都应建立质量控制点。为了确保产品质量，应做到均衡生产，并建立严格的设备保养和计量制度，直通率应达90%以上。

3）试验过程的质量保证要求。试验和测试人员都必须经过考核并考核合格；各项试验和检验都必须按规定的标准及有关程序进行；各项试验和检验的仪器必须保证在有效期内达到应有的精度，设备应完好，仪器和设备的维修、计量制度完善；各类试验和检验都应有完整的记录和分析报告，试验中的失效应有分析报告和改进措施。

4）销售服务过程的质量保证要求。销售服务过程中必须配备足够的维修力量和备用的元器件、材料；维修人员必须经过培训并取得合格证书，方可进行独立维修；设立销售点的地方应具有足够的维修能力；销售和维修部门应建立信息跟踪反馈制度，已销售的产品按有关规定实行"三包"。

（2）检验。检验是指对实体的一个或多个特性进行如测量、检查、试验或度量，并将结果与规定要求进行比较以确定每项特性合格情况所进行的活动。

1）常见电子产品检验项目。外观检验、电性能检验、安全检验、电磁兼容性试验（干扰特性试验）、环境试验（例行试验）、主观评价试验、可靠性试验。

2）检验的分类。一般整机检验可分为鉴定试验和质量一致性试验两类。

①鉴定试验。鉴定试验又称定型试验，其目的是验证生产厂是否有能力生产符合有关标准要求的产品。

鉴定试验检验的项目有外观检验、电性能检验、环境试验、安全试验、电磁兼容性试验、主观评价试验和可靠性试验。

鉴定检验的样本应从定型批量产品中随机抽取。以彩色电视接收机为例，各试验组的样本数见表6—1。设计定型时批量产品应不少于200台，生产定型及设计、生产一次性定型时，批量产品为2 000台。

表6—1　　　　　　　　　　彩电接收机各试验组的样本数

级别	项目	样本台数
1	电、光、声、色性能测量	5
2	安全试验	3
3	电磁兼容试验	3
4	环境试验	3
5	主观评价	2
6	可靠性试验	100

鉴定检验的程序如图6—1所示，检验的方法按有关标准的规定进行。

对于鉴定检验中不合格的项目，应及时查明原因，提出改进措施，并重新进行该项目及相关项目的试验，直至合格。

②质量一致性检验。质量一致性检验的目的是验证制造厂能否维持鉴定试验所达到的水平。质量一致性检验分为逐批检验和周期检验两种。

按有关标准规定，逐批检验的项目和主要内容如下：

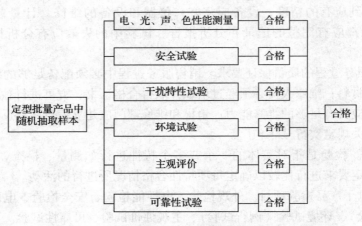

图6—1　鉴定检验程序

开箱检验：检验的内容包括包装质量、齐套性、外观质量和功能。

安全检验：安全检验的主要内容有高压、绝缘性能、电源线、插头绝缘、开机着火等。

工艺装配检验：工艺装配检验的主要内容有部件、面板、底板、印制电路板等安装是否牢固可靠，机内是否有异物，焊接质量、表面处理是否符合要求等。

主要性能检验：主要性能检验的内容包括图像通道噪声限制灵敏度、选择性、AGC静态特性、电源消耗功率、彩色灵敏度、行场同步范围、彩色同步稳定性等。

逐批检验的程序如图6—2所示。

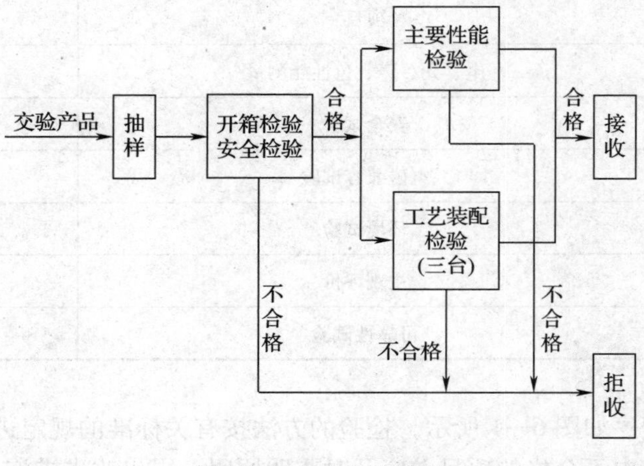

图6—2　逐批检验程序

周期检验的周期的划分：对于连续生产的产品，安全试验和电磁兼容试验每年为一周期，其他试验每半年为一周期。当产品设计、工艺、元器件及原材料有改变时，均应进行所有侧重的相关项目试验。对于连续生产的产品，若间隔时间大于三个月，恢复生产时均应进行周期试验。周期检验的项目和程序如图6—3所示。

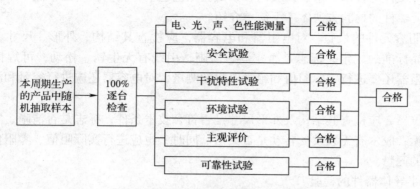

图6—3 周期检验的项目和程序

按产品的生产过程，检验可分为以下几类：

入库前的检验：元器件、材料、零件和部件等在包装、存放、运输过程中可能会出现各种变质和损坏的情况。因此，在入库前要按产品的技术条件或有关合同协议进行外观检验并测试有关性能，检验合格后方可入库。

生产过程中的检验：它是对装配中的准备工序和安装、焊接等各阶段的质量进行检验，为整机的总装提供合格的零部件。在流水生产作业中，应视装联情况设置检验工位。

整机检验（成品检验）：包括外观检验、装联正确性检验和电性能检验等。

2. 电气零部件、整件检验

电气零部件、整件等在包装、存放、运输过程中可能会出现各种变质及损坏情况。因此，在其入库前要按产品技术条件或技术协议进行外观检验并测试有关性能指标，合格后方可入库。部分元器件在整机装配之前应进行老化筛选，这些元器件包括晶体管、集成电路、部分阻容元件等。老化筛选的内容应包括温度和功率老化试验。应当指出，老化筛选的元器件，其电气参数和外形应符合设计要求，应是进厂交收试验合格的元器件，否则不能进行老化筛选。在工艺筛选过程中，应对每一项内容都做好记录，填写工艺筛选合格证，封盒交付使用。对于特殊筛选的元器件，应在封盒合格证上注明"特选""专用"等字样。对判为不合格、不能使用的元器件，应严格隔离，并将原因分析清楚。进行批量筛选的元器件，若失效或不合格的百分比超出了规定，此批元器件应停止使用，待技术主管部门分析后再做处理。

整机所用元器件和零部件、整件一般可分为安全器件、关键器件、主要器件和一般器件。安全器件有电源变压器、电源线、电源开关等；关键器件有高频调谐器，显像管等；主要器件有晶体管、集成电路等；一般器件有电阻器、电位器、电感器、电容器等。元器件的筛选检验应根据它们的技术要求、性能、特点和作用，采用全部检验、部分检验和抽样检验的方法，分别进行检验筛选和认定。而对于经过国家质量检测部门认定的免检元器件或者经长期使用认为质量信得过的元器件也可以免于检验。

整机所用元器件和零部件、整件的品种繁多，各种元器件的试验规范也不相同，各

单元

6

生产厂设计文件的技术要求、试验内容、试验工艺也不尽相同，所以不能——列举，·下面就几种元器件的检验方法做一下简单介绍。

（1）阻容元件的检验。对电阻器和电容器，应检查其结构、外形、尺寸、质量是否符合产品标准的规定，标志是否牢固、潜晰，引线有无生锈、松动，可焊性是否良好。对电阻器还要进行实际阻值和绝缘电阻的测量，对电容器还应进行容量和漏电电流的测量。

对电位器，应检查其结构及外形尺寸是否符合技术条件，标志是否清晰、牢固，表面有无污垢，胶木有无裂纹，转动是否灵活。同时，也应进行实际阻值、零阻值及阻值变化特性的测量。

（2）半导体器件的检验

1）晶体管的筛选检验。对晶体管或集成电路进行外观检验时，应注意下列各方面：管壳有无碎裂，管壳、管脚有无生锈，管脚有无松动，有无裂缝、印记不清、掉漆层、封帽不端正等现象，引线可焊性是否良好等。

晶体管老化筛选检验通常是在大电流、低电压、满负荷状态下进行。晶体管老化筛选检验的工艺流程如图6—4所示。

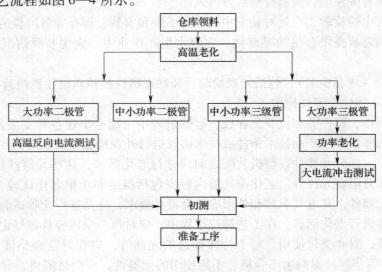

图6—4　晶体管老化筛选检验的工艺流程

晶体管性能参数测试可使用专用仪器进行，主要技术参数均应符合整机技术文件中的检验技术要求。

2）集成电路的检验。对集成电路的外观检验应包括以下内容：标志的一致性和耐久性，包括引线在内的封装质量情况，验证有关规范中规定的尺寸（若无其他规定，根据器件实际尺寸放大3~10倍进行目测）。必要时还应进行引线强度、可焊性、耐焊接热、高温储存（85~400℃）等试验。

对集成电路进行筛选检验常用的方法有测量内部电阻法和替代法。

测量内部电阻法：用万用表 $R \times 1\text{k}$ 挡（个别引出脚用 $R \times 10\text{k}$ 挡）测量集成电路各引出脚内部对地电阻值，并对照标准值可判断集成电路的好坏。将万用表的一表笔接集成电路的接地脚，另一表笔逐一接其余各引出脚，测得的直流电阻就是内部电阻值。然后将表笔互换测得另一内部电阻值，两次测量的内部电阻值均应符合标准值。

替代法：将被检验的集成电路插入测试工装，将测得的性能参数（或幅频特性曲线）与合格的集成电路在同条件下测得的性能参数（或幅频特性曲线）进行比较，以判定被测集成电路是否合格。

3. 外观与电性能检验

（1）外观检验

1）整机外观应整洁，表面不应有明显的凹痕、划伤、裂缝、变形、霉斑等现象，表面镀层不应起泡、龟裂和脱落。

2）金属件不应有锈蚀及其他机械损伤。灌注物不应外溢。

3）开关、按键、旋钮及开启装置的操作应灵活可靠，零件应紧固无松动，显像管安装应与机箱吻合，无明显缝隙。整机应具有足够的机械稳定性。

4）说明功能的文字和图形符号标志应清晰端正，指示器正确无误。

5）整机外观检验用观察法进行，即用眼看和手摸的方法进行检验。

（2）电性能检验。电性能检验是电子整机产品质量检验的主要内容，在鉴定试验、验收试验、例行试验等过程中，均要按整机产品的全部技术性能指标或主要技术性能指标进行检验。其中，电晕试验电路如图6—5所示。

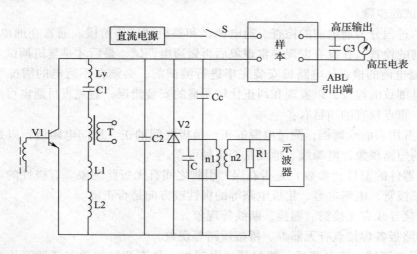

图6—5　电晕试验电路

整机技术性能指标：各种整机产品在有关标准（或设计文件）中详细规定了技术性指标和试验方法。

二、调试技术概述

1. 调试的含义

调试技术包括调整和测试（检验）两部分内容。

（1）调整。调整主要是对电路参数的调整。一般是对电路中可调元器件，如可调电阻、可调电容、可调电感以及机械部分等进行调整，使电路达到预定的功能和性能要求。

（2）测试。测试主要是对电路的各项技术指标和功能进行测量与试验，并同设计的性能指标进行比较，以确定电路是否合格。它是电路调整的依据，又是检验结论的判据。实际上，电子产品的调整和测试是同时进行的，经过反复调整和测试，产品的性能才能达到预期目标。

2. 调试的目的

调试的目的主要有两个方面：

（1）发现设计的缺陷和安装的错误，并改进与纠正，或提出改进建议。

（2）通过调整电路参数，避免因元器件参数或装配工艺不一致，而造成电路性能的不一致或功能和技术指标达不到设计要求的情况发生，确保产品的各项功能和性能指标均达到设计要求。

3. 调试的内容

电子产品的品种繁多，功能各异，电路复杂，产品的设计技术指标各不相同，所以调试的方法、程序也各不相同。对于简单的电子产品，装配好之后可以直接进行调试；对于复杂的电子产品必须按单元电路和功能电路分块调试，再进行整机统调。

4. 调试的步骤

调试的过程分为通电前的检查、通电调试和整机调试等阶段。通常在通电调试前，先做通电前的检查，在没有发现异常现象后再做通电调试，最后才是整机调试。

（1）通电前的检查。电路板安装完毕进行测试前，必须在不通电的情况下对电路板进行认真细致的检查，以发现和纠正比较明显的安装错误，避免盲目通电可能造成的电路损坏。重点检查的项目有：

1）用万用表的欧姆挡，测量电源的正、负极之间的正、反向电阻值，以判断是否存在严重的短路现象，电源线、地线是否接触可靠。

2）元器件的型号（参数）是否有误、引脚之间有无短路现象。有极性的元器件如二极管、三极管、电解电容、集成电路等的极性或方向是否正确。

3）连接导线有无接错、漏接、断线等现象。

4）电路板各焊接点有无漏焊、桥接短路等现象。

（2）通电调试。通电调试一般包括通电观察、静态调试和动态调试等几方面。先通电观察，然后进行静态调试，最后进行动态调试；对于较复杂的电路调试通常采用先分块调试，然后进行总调试的办法。有时还要进行静态和动态的反复交替调试，才能达到设计要求。

1）通电观察。将符合要求的电源正确地接入被调试的电路，观察有无异常现象，如发现电路冒烟、有异常响声，或有异常气味（主要是焦糊味），或是元器件发烫等异常现象时，应立即切断电源，检查电路。排除故障后，方可重新接通电源进行测试。

2）静态调试。通电观察无异常现象时，可进入静态调试阶段。静态调试是指在不加输入信号（或输入信号为零）的情况下，进行电路直流工作状态的测量和调整。模拟电路的静态测试就是测量电路的静态直流工作点；数字电路的静态测试就是输入端设置成符合要求的高（或低）电平，测量电路各点的电位值及逻辑关系等。

通过静态测试，可以及时发现已损坏的元器件，判断电路工作情况并及时调整电路参数，使电路工作状态符合设计要求。

3）动态调试。动态调试就是在电路的输入端接入适当频率和幅度的信号，循着信号的流向逐级检测电路各测试点的信号波形和有关参数，并通过计算测量的结果来估算电路性能指标，必要时进行适当的调整，使指标达到要求。若发现工作不正常，应先排除故障，然后再进行动态测量和调整。

动态调试必须在静态调试合格的情况下进行。

（3）整机调试。整机调试是在单元部件调试的基础上进行的。各单元部件的综合调试合格后，装配成整机或系统。整机调试的过程包括外观检查、结构调试、通电检查、电源调试、整机统调、整机技术指标综合测试及例行试验等。

第 2 节　常用调试工艺

→ 1. 能独立按要求连接调试仪器
→ 2. 学会常用调试设备的使用

一、调试仪器

1. 调试仪器的选择

在调试工作中，调试质量的好坏，在一定程度上取决于调测试仪器的正确选择与使用。因此，在选择仪器时，应把握以下原则。

（1）调试仪器的工作误差应远小于被调试参数所要求的误差。在调试工作中，通常要求调试产生的误差相对于被测参数的误差来说可以忽略不计。在调试中所产生的误差包括调试仪器的工作误差、测试方法及测试系统的误差。后者在制定测试方案时就已经考虑到，并采取相应的措施加以消除，故该误差可以忽略不计。对于测试仪器的工作误差，一般要求小于被测参数误差的 1/10 就可以了。以测量电压、电流为例，若测试精度要求较高，可选用高精度的指针式电表，精度等级在 0.5 级以上。若选用数字式电表，其测量精度会更高，如五位直流数字电压表的测量精度可达 ±（0.01% ~ 0.03%）。

（2）仪器的输入/输出范围和灵敏度，应符合被测电量的数值范围。若工作频率较低，可选用低频信号发生器，其频率范围一般为 1 Hz ~ 1 MHz，输出信号幅度为几毫伏到几伏，如 XD—22A 型低频信号发生器。若工作频率较高，可选用高频信号发生器，频率范围一般为 100 kHz ~ 35 MHz，信号输出幅度为 1 μV ~ 1 V，如 YB1051 型高频信号发生器。当然，在选择信号源时，信号输出方式、输出阻抗等相关技术指标也要满足要求。

（3）调试仪器量程的选择应满足测量精度的要求。如指针式仪表是以满量程时的测量精度来表示的，被测量值越接近满刻度值误差就越小。所以，在选择量程时，应使被测量值指在满刻度值的 2/3 以上的位置。如果选用数字式仪表，其测量误差一般多发生在最后的一位数字上。所以，测量量程的选择应使其测量值的有效数字位数尽量等于所指示的数字位数。例如，用 P2—8 型五位数字电压表测直流电压，其测量精度为 ±（0.01% ~ 0.03%）。若用来测 12 V 电压，应放在 20 V 挡为好，可测得五位有效数字，若测 24 V 的电压，应放在 200 V 挡为好，可保证有四位有效数字。

（4）测试仪器输入阻抗的选择。要求在接入被测电路后，应不改变被测电路的工作状态，或者接入电路后，所产生的测量误差在允许的范围之内。

（5）测试仪器的测量频率范围（也叫频率响应），应符合被测电量的频率范围（或频率响应）。否则，就会因波形畸变而产生测量误差。

2．调试仪器的配置

一项测试究竟要由哪些仪器及设备组成，仪器及设备的型号如何确定，必须依据测试方案来确定。测试方案拟订之后，为了保证仪器正常工作且达到一定精度，在现场布置和接线方面需要注意以下几个方面的问题。

（1）各种仪器的布置应便于观测。确保在观察波形或读取测试结果（数据）时视差小，不易疲劳。例如，指针式仪表不宜放得太高或太偏，仪器面板应避开强光直射等。

（2）仪器的布置应便于操作。通常根据不同仪器面板上可调旋钮约布置情况来安排其位置，使调节方便、舒适。

（3）仪器叠放时，应注意安全稳定及散热条件。把体积小、质量轻的放在上面。有的仪器把大功率晶体管安装在机壳外面，重叠时应注意不要造成短路。对于功率大、发热量多的仪器，要注意仪器的散热和对周围仪器的影响。

（4）仪器的布置要力求连接线最短。对于高增益、弱信号或高频的测量，应特别注意不要将被测件输入与输出的连接线靠近或交叉，以免引起信号的串扰及寄生振荡。

二、调试工艺技术

1．调试工作的一般程序

（1）调试前的准备

1）技术文件的准备。技术文件是产品调试工作的依据，调试之前应将产品技术条件和技术说明书、电路原理图、调试工艺文件等准备好。调试人员应仔细阅读调试说明及调试工艺文件，熟悉整机的工作原理、技术条件及相关指标，了解各参数的调试方法和步骤。

2）仪器仪表的放置和使用。按照技术条件的规定，准备好测试所需的各类仪器。

调试过程中使用的仪器仪表应经过计量并在有效期之内，而且在使用前必须进行检查，确定其是否符合技术文件规定的要求，尤其是能否满足测试精度的需要。检查合格之后，应掌握这些仪器的正确使用方法并能熟悉地进行操作。调试前，仪器应整齐地放置在工作台或专用仪器车上，放置时应符合调试工作的要求。

3）被调试产品的准备。产品装配完毕并经检查符合要求之后，方可送交调试。根据产品的不同，有的可直接进行整机调试，有的则需要先进行分机、分板调试，然后再进行总装总调。调试人员在工作前应检查产品的工序卡。查看是否有工序遗漏或签署不完整、检查不合格，产品可调元件连接不牢靠等现象存在。此外，在通电前，应检查产品各电源输入端有无短路现象。

4）调试场地的准备。调试场地应按要求布置，保证调试场地干净、整齐且符合安全要求，便于调试人员工作等。特别是在调试大型机的高压部分时，应在机器周围铺设符合规定的绝缘胶垫或地板。

此外，调试人员应按安全操作规程做好准备，调试用的图样、文件、工具、备用件等都应放在适当的位置上，保持调试场地的卫生等。

（2）调试工作的一般程序。由于电子产品种类繁多，电路复杂，各种设备单元电路的种类及数量也不同，所以调试程序也不尽相同。但对一般电子产品来说，调试程序大致包括下面几个部分：

1）通电前的检查。在电路板安装完毕进行测试前，必须在不通电的情况下，对电路板进行认真细致的检查，以便发现和纠正比较明显的安装错误，避免盲目通电而造成电路损坏。

2）通电调试。通电调试要求在上述检查完成并确认无误后方可进行。其内容主要包括通电观察、静态调试和动态调试等几方面。一般按先通电观察，然后进行静态调试，最后进行动态调试的步骤进行。对于较复杂的电路调试可采用先分块调试，然后进行总调试的方法。有时还要进行静态和动态的反复交替调试，才能达到设计要求。

3）整机调试。整机调试是在单元部件调试完成后的基础上进行的。各单元部件的综合调试合格后，装配成整机或系统。整机调试的工艺流程：外观检查→结构调试→通电检查→电源调试→整机统调→整机技术指标综合测试。

4）环境试验。有些电子产品在调试完成之后，需根据产品可能工作的环境进行环境试验，以考验在相应环境下正常工作的能力。环境试验包括温度、湿度、气压、振动、冲击和其他环境试验，应严格按技术文件规定执行。

5）整机通电老化。大多数的电子产品在测试完成之后，都要进行整机通电老化试验，其目的是提高电子产品工作的可靠性。老化试验应按产品技术条件的规定进行。

6）参数复调。经整机通电老化后，整机各项技术性能指标会有一定程度的变化，通常还需进行参数复调，使交付使用的产品具有最佳的技术状态。

2．静态调试

静态是指没有外加输入信号（或输入信号为零）时，电路的直流工作状态。例如，测试模拟电路的静态工作情况通常是指测电路的静态工作点，也就是测试电路在静态工作时的直流电压和电流。而调整电路的静态工作状态，通常是指调整电路的静态工作点，也就是调整电路在静态工作时的直流电压和电流。

（1）直流电流的测试。测量电路中的电流，必须先将原电路断开，然后在开口处将电流表串联到被测电路中。常用的测试仪表包括直流电流表、万用表（用其直流电流挡）。常用的测试方法包括直接测试法和间接测试法。

1）直接测试法。直接测试法是将电流表或万用表串联在待测电流电路中，进行电流测试的一种方法，如图6—6所示。

电流的直接测试过程较麻烦，有时还可能对被测试的电路造成破坏。故在实际操作中，常采用简单方便的间接测试法来得到需要测试的电流值。

2）间接测试法。间接测试法是采用先测量电压，然后换算成电流的办法来间接测试电流的一种方法，测试电路如图6—7所示。即当被测电流的电路上串有电阻器 R 时，在测试精度要求不高的情况下，先测出电阻 R 两端的电压 U，然后根据欧姆定律 $I = U/R$ 换算成电流，这就是间接测试法。

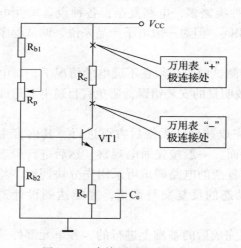
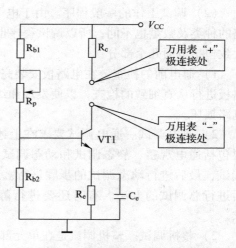

图6—6　直接测试电流的方法　　　　图6—7　间接测试电流法（电压测试）

间接测试法不需要断开电路，所以操作简单方便，但测试精度不如直接测试法。

在图6—7所示电路中，欲测三极管集电路电极的电流，可测出集电路电极电阻 R_c 两端的电压 U_{rc} 后，再计算出电流 I_c 的值。实际工程应用中，还采用测发射极电阻 R_e 两端的电压 U_e，计算出发射极电流 I_e，根据 $I_c = I_e$ 关系得到 I_c 值。这样测试的主要原因是 R_e 比 R_c 小很多，并入电压表后，电压表内阻对电路的影响不大，使得测量精度提高。显然，用同一块电压表测量阻值小的电阻器两端的电压，其精度更高；但是，当电阻太小时，对电阻值的测量可能比较困难，且测量精度很难保证。

3）直流电流测试的注意事项

①直接测试法测试电流时，必须断开电路后才将仪表（万用表调到直流电流挡）串入电路中。

②注意电流表的极性，应该使电流从电流表的正极流入，负极流出。

③合理选择电流表的量程，使电流表的量程略大于测试电流。若事先不清楚被测电流的大小，应先把电流表调到高量程测试，再根据实际测试的情况将量程调整到合适的位置再精确地测试一次。

④根据被测电路的特点和测试进度要求选择电流表的内阻和精度。

⑤利用间接测试法测试时必须注意，被测电阻两端并联的其他元器件可能会使测量产生误差。

（2）直流电压的测试。直流电压的测试方法要比直流电流的测试简单，只需要将电压表直接并联到被测试电路的两端即可。

常用测试仪器为直流电压表和万用表（用其直流电压挡）。

1）直流电压的测试方法。直流电压的测试方法是将电压表或万用表直接并联在待测电压电路的两端点上，如图6—7所示。可见间接电流测试法即电压测试法。

2）直流电压测试的注意事项

①直流电压测试时，应注意电路中高电位端接表的正极，低电位端接表的负极；电压表的量程应略大于所测试的电压。

②根据被测电路的特点和测试精度的要求，选择测试仪表的内阻和精度。测试精度要求高时，可选择高精度模拟式或数字式电压表。

③使用万用表测量电压时，不得误用其他挡，特别是电流挡和欧姆挡，以免损坏仪表。

④一般情况下，在工程中"某点电压"均指该点对电路公共参考点（地）电位。

（3）电路静态调整的方法。电路静态调整是在测试的基础上进行的。调整前，对测试结果进行分析，找出静态调整的方法和步骤。

1）熟悉电路的组成结构（方框图）和工作原理（原理图），了解电路的功能、对性能指标的要求等。

2）分析电路的直流通路，熟悉电路中各元器件的作用，特别是电路中可调元件的作用和对电路参数的影响情况。

3）当发现测试结果有偏差时，要找出纠正偏差最有效、最方便的调整方法，并且采用对电路其他参数影响最小的元器件来对电路的静态工作点进行调试。

单元 6

第3节　调试的安全措施

培训目标

→ 1. 了解必要的安全知识
→ 2. 能够按照安全规范进行操作

调试过程中，需要接触到各种电路和仪器设备，特别是各种电源及高压电路、高压大电容器等。为了保护调试人员的人身安全，防止测量仪器设备和被测电路及产品的损坏，除应严格遵守一般安全规程外，还必须注意调试工作中制定的安全措施。调试工作中的安全措施主要有供电安全、仪器设备安全和操作安全等。

一、供电安全

大部分电路或产品的调试过程都必须加电，所有调试用的仪器设备也都必须通电。因而供电安全显得尤为重要，通常供电的安全措施有：

1. 装配供电保护装置

在调试检测场所，应安装总电源开关、漏电保护开关和过载保护装置。总电源开关应安装在明显且易于操作的位置，并设置有相应的指示灯。电源开关、电源线及插头插座必须符合安全用电要求，任何带电导体不得裸露。

2. 采用隔离变压器供电

调试检测场所最好先装备隔离变压器，再接入调压器供电，这么做一方面可以保证调试检测人员的人身安全，另一方面还可防止检测仪器设备故障与电网之间相互影响。

3. 采用自耦调压器供电

在无隔离变压器的情况下，使用普通交流自耦调压器供电时，必须特别注意安全，因为这种调压器的输入与输出端有电气连接，稍有不慎就会将输入的高电压引到输出端，造成变压器及其后电路烧坏，严重时造成触电事故。

采用自耦调压器供电时，必须正确区分相线（火线）L 与零线 N 的接法，如图6—8 所示。最好采用三线插头座，使用二线插头座容易接错线。特别要指出的是，正确的接线方式只能是输出端的固定端当零线，而不是当火线用，这样的接法要安全一些。但是由于这种接法没有与电网隔离，仍然不够安全。

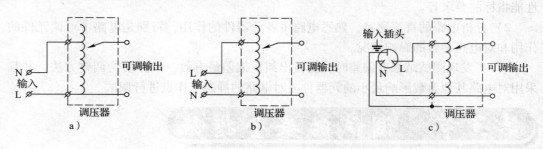

图6—8 自耦调压器供电的接线方法

a) 错误的接线方式　b) 二线插头座的正确接线方式　c) 三线插头座的接线方式

二、操作安全

1. 操作环境要保持整洁。工作台及工作场地应铺绝缘胶垫；调试检测高压电路时，工作人员应穿绝缘鞋。

2. 高压电路或大型电路或产品通电检测时，必须有 2 人以上才能进行。发现冒烟、打火、放电等异常现象，应立即断电检查。

3．安全操作的注意事项

（1）断开电源开关不等于断开了电源。如图6—9所示的电路中，虽然电源开关处于 OFF 位置，但有部分仍然带电，只有拔下电源插头才可认为是真正断开了电源。在图6—9a 所示的电路中，开关 S 断开时，电源变压器的初级 1 脚、2 脚，熔断器 BX 和开关 S 的 2 脚仍然带电。如图6—9b 所示的电路，开关 S 断开时，开关 S 的 1 脚、3 脚仍然带电。

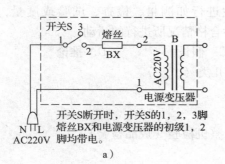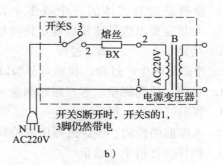

图6—9　电源开关断开后电路部分带电

a）电源开关 S 断开零线 N　b）电源开关 S 断开相线 L

（2）不通电不等于不带电。对大容量高压电容或超高压电容只有进行放电操作后，才可以认为不带电。如显像管的高压嘴，由于管锥体内外臂构成的高压电容的存在，即便断电数十天，其高压嘴上仍然会带有很高的电压。

（3）电气设备和材料的安全工作寿命是有限的。也就是说，工作寿命终结的产品，其安全性无法保证。原来应绝缘的部位也可能因材料老化变质而带（漏）电，所以应按规定的使用年限及时停用、报废旧仪器设备。

三、仪器设备安全

1．所用的测试仪器设备要定期检查，仪器外壳及可触及的部分不应带电。

2．各种仪器设备必须使用三线插头座，电源线采用双重绝缘的三芯专用线，长度一般不超过 2 m。若是金属外壳，必须保证外壳良好接地（保护地）。

3．更换仪器设备的熔丝时，必须完全断开电源线（将电源线取下）。更换的熔丝必须与原熔丝同规格，不得更换大容量熔丝，更不能直接用导线代替。

4．带有风扇的仪器设备如通电后风扇不转或有故障，应停止使用。

5．电源及信号源等输出信号的仪器，在工作时，其输出端不能短路，输出端所接负载不能长时间过载。发生输出电压明显下降时，应立即断开负载。对于指示类仪器，如示波器、电压表、频率计等输入信号的仪器，其输入端输入信号的幅度不能超过其量限，否则容易损坏仪器。

6．功耗较大（大于 500 W）的仪器设备在断电后，不得立即再通电，应冷却一段时间（一般 3～10 min）后再开机，否则容易烧断熔丝或损坏仪器（这是因为仪器的启动电流较大且易产生较高的反峰电压，且许多元器件在高温时的绝缘和耐压性能均有所

单元

6

下降，如电解电容的漏电流增大等，故功耗较大的仪器设备快速断、通电，会引起整机总电流增大、机内元器件出现击穿损坏的现象）。

单元测试题

一、选择题

1. 检验是指对实体的一个或多个特性进行如测量、检查、试验或度量，并将（   ）与规定要求进行比较以确定每项特性合格情况所进行的活动。

A. 结果　　　　　　B. 过程　　　　　　C. 假设　　　　　　D. 推论

2. 按产品的生产过程，检验可分为以下几类（   ）。

A. 目测、仪器测量、客户跟踪测量

B. 售前、生产、售后

C. 入库前的检验、生产过程中的检验、整机检验（成品检验）

D. 抽样、合格率、销量

3. 经整机通电老化后，整机各项（   ）会有一定程度的变化，通常还需进行参数复调，使交付使用的产品具有最佳的技术状态。

A. 预测指标　　　B. 状态指标　　　C. 平均指标　　　D. 技术性能指标

4. 直流电压的测试要比直流电流的测试方法简单，只需要将电压表直接并联到被测试电路的（   ）即可。

A. 左侧　　　　　　B. 右侧　　　　　　C. 两端　　　　　　D. 初级

5. 大部分电路或产品的调试过程都必须加电，所有调试用的仪器设备也都必须通电，因而（   ）显得尤为重要。

A. 人身安全　　　B. 供电安全　　　C. 仪器安全　　　D. 设备安全

二、填空题

1. 上岗生产工人必须是经过培训并考试合格者，各工位都应有明确的_____和_____及工艺文件执行情况检查制度。

2. 对于连续生产的产品，若间隔时间大于三个月，恢复生产时均应进行_____。

3. 调试技术包括_____和_____两部分内容。

4. 静态是指没有外加_____时，电路的直流工作状态。

5. 高压电路或大型电路或产品通电检测时，必须有2人以上才能进行。发现冒烟、打火、放电等异常现象，应立即_____。

三、简答题

1. 鉴定试验检验的项目有哪些？

2. 调试的目的主要是什么？

3. 调试工作的一般程序是什么？

4. 电路静态调整的方法是什么？

5. 安全操作的注意事项包括什么？

单元测试题答案

一、选择题

1．A　2．C　3．D　4．C　5．B

二、填空题

1．工艺文件、质量要求　2．周期试验　3．调整、测试（检验）　4．输入信号（或输入信号为零）　5．断电检查

三、简答题（略）

单元

6

一、选择题

1. A 2. C 3. D 4. B 5. C 6. B

二、填空题

三、简答题（略）